DISSERTATION

SUR LA CAUSE

DE L'ÉLÉVATION

DES

VAPEURS.

QUI A REMPORTE' LE PRIX,
au Jugement de l'Académie des Belles Lettres,
Sciences & Arts.

*Par Monsieur HAMBERGER, Professeur de Physique & de
Medecine dans l'Université de Jene.*

A BORDEAUX,

Chez PIERRE BRUN, Imprimeur-Aggrégé de l'Académie
Royale, Ruë Saint Jâmes.

M. DCC. XLIII.
AVEC PRIVILEGE DU ROI.

DISSERTATION

SUR LA CAUSE

DE L'ELEVATION

DES VAPEURS.

§. I.

ORPORA multa, præsertim humida, si aëri liberiori exponantur, notabiliter pondere decrescunt. Immò aqua, aliaque fluida humida, ut Vinum, Cerevisia, spiritus Vi-

LUSIEURS Corps, principalement ceux qui sont humides, perdent considerablement de leur poids, s'ils demeurent exposés à l'air libre : l'Eau même, le Vin, la Bierre, l'esprit de Vin, & les autres fluides humides, (à l'ex-

A

ception de ceux qui sont huileux & gluans, comme le sont les huiles extraites par expression, ou aprêtées par défaillance, & l'huile de Vitriol,) se consument d'eux-mêmes, si on les laisse exposez à l'air libre dans un vase découvert; quoique la dissipation des parties de ces fluides ne soit jamais visible, & que celle qui arrive à toute leur masse ne s'aperçoive ni toujours, ni fort distinctement.

ni, modò non sint viscida oleosa, ut olea expressa, vel etiam per deliquium parata, & oleum Vitrioli, in vase aperto, libero aëri exposita, sponte consumuntur, quamquàm partes quæ abeunt singulæ nunquam, tota verò earundem congeries interdùm tantùm, & tunc quoque minùs distinctè, visu percipiantur.

§. II.

Si on donne aux Corps, dont-il est parlé dans le Paragraphe précédent, le plus grand dégré de chaleur qu'ils sont capables de recevoir, & qu'on les expose à l'air, non-seulement ils sont beaucoup plus promptement consumés, en tout ou en partie, mais encore la dissipation qui se fait de leurs parties à chaque instant est si forte, qu'on aperçoit sensiblement la masse de ces parties, qui se répand dans l'air voisin sous la forme d'un nuage.

Eadem Corpora (§. 1.) tantùm quantùm possunt calefacta, & aëri exposita, non solùm breviori longè tempore, in tantum vel in totum consumuntur, sed & tantâ quantitate, quolibet temporis momento, suas dimittunt partes, ut harum congeries, sub nebulæ forma, in aëre vicino incumbente percipiantur.

§. III.

A l'égard des autres Corps, qui dans un air temperé ne laissent ab-

Alia quoque corpora, quæ in aëre temperato nihil planè

suarum partium in aërem transmittunt, ad calorem majorem tota consumuntur, idque vel nebulam, fumumve in aëre excitando, ut Mercurius, oleum Vitrioli, Gummata, & Gummi resi-næ; vel flammam exhiben-do, ut olea expressa, & des-tillata, eademque corpora re-sinosa. Alia autem corpora, quamquàm maximus adhi-beatur ignis gradus, ex par-te tantùm consumuntur. Ta-lia sunt oleum Tartari, P.D. ligna, lapides, alia-que corpora.

solument rien échaper de leur masse, il en est qui sont entiere-ment consumés par la force de la chaleur, soit que la dissipation se fasse sous la forme d'un nuage ou d'une fumée qui se levent en l'air, comme il arrive au Mercure, à l'huile de Vitriol, aux Gommes & aux Resines ; soit sous la forme d'une flamme sensible, comme il arrive aux Huiles extraites par ex-pression ou par distilation, & aux Corps Resineux : Il est d'autres Corps que l'action du feu ne con-sume jamais qn'en partie, quoi-qu'elle leur soit apliquée dans son plus grand dégré d'activité ; tels sont l'huile de Tartre par défail-lance, les Bois, les Pierres, & divers autres Corps.

§. IV.

Vocantur hæ partes, quæ sic sigillatim invisibiles in aërem transeunt, generali quodam nomine, Vapores, quascumque cæteroquin possi-deant proprietates ; quam-quàm & ista, quæ flam-mam in aëre exhibent, Scin-tillæ audiant: Et experien-

Quelles que soient d'ailleurs les propriétés des parties que leur te-nuité empêche d'être visibles lors qu'elles se répandent dans l'air, on leur donne le nom générique de Vapeurs, comme celui d'Etincel-les aux parties qui se laissent aper-cevoir en forme de flamme : & l'experience des Chimistes nous

A ij

aprend que ces Vapeurs font des Molécules aqueufes, ou fulphureufes, ou Salines acides, ou Salines urineufes, ou ammoniacales qui font compofées de l'un & de l'autre de ces Sels, ou des Molécules mercurielles. La même experience nous aprend que les parties terreufes, tandis qu'elles reftent dans leur état naturel, ne paffent jamais dans l'air fous la forme de Vapeurs, non plus que les parties alcalines fixes, ni les Sels moyens qui font compofez d'un acide & d'un Sel alcali fixe, tandis que les uns & les autres conferveront leur état & leur qualité : Il eft pourtant vrai que les parties terreufes font quelquefois changées en Vapeurs, par leur mélange avec des Sels acides, urineux, ou fulphureux. On apelle évaporation le paffage de ces Molécules dans l'air.

tia Chimicorum docet, effe dictos vapores vel aqueas, vel fulphureas, vel falinas acidas, vel falinas urinofas, vel ex utrifque compofitas ammoniacales, vel mercuriales particulas. Nunquàm verò terreæ partes fibi relictæ, vel alcalicæ fixæ, vel etiam falia media, ex acido & fale alcalico fixo compofita, quâ talia & fibi relicta, tanquàm vapores in aërem tranfeunt, quamquàm terreæ, falinis acidis vel urinofis, itemque fulphureis junctæ, interdùm vapores evadant. Ipfe tranfitus harum particularum in aërem Evaporatio appellatur.

§. V.

On ne peut prouver par aucune experience, qu'il fe faffe d'évaporation dans un lieu d'où l'on auroit entierement chaffé l'air. On éprouve au contraire, que dans des

In loco ab omni aëre vacuo quicquam evaporare, nullo experimento probari poteft. Contrà verò, quò magis vehementer aër juxtà

corpus evaporabile movetur, tantò major vaporum quantitas eodem tempore in aëre transit : Sic breviori longè tempore libra una aquæ, in vase amplo & minùs alto ebulliens, in vapores mutatur, si flabello constanter juxtà aquæ superficiem, aër agitetur, quàm si hæc aëris per flabellum agitatio omittatur : Et tellus, per pluvias humida facta, breviori tempore ventorum impetu exsiccatur, quamquàm Solis radii per nubes planè arceantur, quàm per radios solares, aëre simul quieto. Aër igitur ad vaporum ascensum necessariò concurrit.

intervales de tems égaux, une plus grande quantité de Vapeurs passe dans l'air, à proportion que l'agitation de l'air est plus forte sur les Corps susceptibles d'évaporation ; de sorte qu'une livre d'eau qu'on fera bouillir dans un vase large, & qui ne sera pas fort élevé, sera beaucoup plus promptement dissipée en Vapeurs, si on agite sans cesse avec un soufflet, ou un éventail, l'air qui environne la surface de l'eau, que si on laisse cet air en repos ; de même la Terre après avoir été détrempée par les pluyes est bien plutôt desséchée par le souffle des vents, lors même que l'opacité des nuages empêche entierement l'action des rayons du Soleil, qu'elle ne le seroit par ces mêmes rayons, dans un tems où l'air seroit tranquile ; il est donc démontré que le concours de l'air est nécessaire à l'élévation des Vapeurs.

§. VI.

Partes igneas inter evaporationis causas referri debere, ex eo patet, quià : 1°. Omnia evaporabilia, quò magis sunt frigida, tantò

Il résulte également avec évidence, que les parties ignées sont du nombre des causes de l'évaporation, de ce que : 1°. Les Corps susceptibles d'évaporation s'évaporent moins, à proportion qu'ils ont acquis un plus grand degré de froideur, ce que l'experience prouve dans tous les fluides humides, mais principalement lorsque durant le froid ils ont acquis une consistence solide. 2°. Il est certains Corps, comme le Mercure, les Gommes & les Résines qui n'ont point d'odeur, qu'on ne peut réduire en vapeurs, que par l'aplication du feu dans le plus grand degré de son activité. 3°. l'évaporation des Corps devient d'autant plus considerable par raport à la quantité, que les Corps sujets à l'évaporation sont pressez par un plus grand degré de chaleur dans le feu qu'on leur aplique; ce que les opérations des Chimistes ne permettent pas de révoquer en doute.

minùs evaporant, id quòd omnia fluida humida, præcipuè si solidam durante frigore acquirunt consistentiam, probant. 2°. Quædam corpora, ut Mercurius, item que Gummata & Resinæ non odora, non nisi ad majorem ignis gradum applicatum in vapores mutantur. (§. 3.) 3°. Omnia deniquè evaporabilia, tantò majori quantitate in aërem transeunt, quò majori ignis urgentur gradu; id quod Chimicorum præcipuè labores ostendunt.

§. VII.

Enfin on ne peut s'empêcher de mettre les Vapeurs même qui s'élévent, dans le nombre des causes qui contribuent à leur élévation; par la raison que les secours du feu & de l'air ne peuvent pas rendre tous les Corps susceptibles d'évaporation. En effet, l'Or, l'Argent,

Ex numero deniquè causarum ascensûs ipsi ascendentes vapores excludi nequeunt, quià non omnia corpora, ope ignis & aëris, evaporabilia reddi queunt. Aurum enim, argentum, calx viva, salia alcalica,

fixa, & ex acido & alcali
fixo compofita, terræ Simplices
veræ, nullâ ignis vi, nul-
loque aëris motu, fibi relicta
& quâ talia, in aëre fub
vaporum forma elevantur.

la Chaux vive, les Sels alcalis
fixes, ni ceux qui font compofez
d'un acide & d'un alcali fixe, non
plus que les Terres veritables, &
fans mélange de ce qui altere leur
fimplicité, ne peuvent, tandis
qu'elles demeurent dans leur état
naturel, être réduites par aucune activité du feu, ou par aucune agitation de l'air, à s'élever dans l'air fous la forme des
Vapeurs.

§. VIII.

Minimè tamen hæc afcen-
fùs vaporum caufa, quate-
nùs in ipfis vaporibus hæret,
in conatu quodam infito af-
cendendi tali confiftit, quâ
hæ partes per fe ità rurfum
tenderent, ut femper, nifi
aliquid refifteret, actu afcen-
derent, qualem conatum qui-
dam levitatem dixerunt.
Vapores enim fi fint corpora
gravia, (ut infrà patebit)
id eft fi ità tendant deorfum,
ut, nifi ab alio impediantur,
actu defcendant, talem ten-
dentiam furfum, five levi-
tatem, fimul habere nequeunt.
Quamquàm enim tendentiæ

Ce concours des Vapeurs à
leur élévation, & que nous regar-
dons comme une caufalité qui leur
eft adherente, ne confifte pourtant pas en une force interne que
les Vapeurs ont pour s'élever, que
quelques-uns ont apellée légéreté,
fuivant laquelle ces parties ten-
droient en haut, de façon qu'elles
s'éleveroient toujours, fi elles ne
trouvoient pas de Corps qui fit
réfiftance à leur élévation. En effet, puifque les Vapeurs font des
Corps pefans, comme nous le ferons voir dans la fuite, c'eft-à dire
qu'elles ont un tel penchant à def-
cendre, qu'elles defcendent actuellement, à moins qu'elles ne

Trouvent quelque autre Corps qui empêche leur chûte, elles ne peuvent avoir en même-tems cette détermination à s'élever qu'on apelle légéreté : car quoique la direction d'un même Corps vers deux termes opposez n'implique aucune contradiction, cependant il n'est pas possible que le même Corps ait en même-tems deux directions qui le portent de telle sorte l'une en haut & l'autre en bas, qu'il fût obligé de suivre en même-tems l'un & l'autre de ces mouvemens, à moins qu'il n'en fût empêché par quelque Corps exterieur ; parce que le Corps qui suivroit ces deux directions, ne rencontrant point d'obstacles, se mouvroit en même-tems vers des termes opposez, & par consequent il seroit en divers lieux dans le même-tems, ce qui emporte une contradiction manifeste. Or il faut nécessairement que les Vapeurs soient des Corps pesans, puisque leur assemblage forme un Corps pesant; c'est pourquoi leur direction interne les porte tellement toujours en bas,

unius ejusdemque corporis versùs plagas oppositas nullam involvant contradictionem ; hoc tamen fieri nequit, ut simul idem corpus ità tendat sursum pariter ac deorsum, ut impedimenta externa requirantur, quò minùs uterque motus simul fiat ; moveretur enim tale corpus, remotis impedimentis, versùs oppositas plagas simul ; hinc in duobus diversis locis foret simul, id quod contradictionem quamdam involvit. Experientiâ igitur cùm testetur, vapores collectos dare corpus grave, ut ipsi sint corpora gravia necesse est ; ergò ipsi ità tendunt semper deorsum, ut, nisi ab alio impediantur, actu descendant. Cùm igitur contrariæ tales tendentiæ, quæ ambæ à vi externa impediri debent, quò minùs motum producant, simul in uno subjecto esse nequeant, ut vapores levitate quadam ; id est proprio

prio insito conatu quodam, sursum tendant, fieri nequit. qu'elles descendent actuellement, toutes les fois qu'elles n'en sont pas empêchées par quelque autre Corps, & par conséquent deux semblables directions, qui ne peuvent manquer de produire deux mouvemens contraires, que par les obstacles qui sont occasionnés par une force exterieure, ne pouvant se trouver ensemble dans le même sujet; il est impossible que les Vapeurs montent par un principe de quelque légéreté, c'est-à-dire par quelque effort interne qui leur soit propre.

§. IX.

Ipsi igitur vapores cùm sursum per se haud tendant, & tamen contrà suam gravitatem ascendant, ut ab aliâ, eâque externè applicatâ vi eleventur necesse est. Causa igitur ascensûs vaporum, quatenùs in ipsis particulis hæret, in eo tantùm consistit, quòd ipsæ particulæ evaporandæ minus resistant, quàm vis elevans externè adhibita agit.

Puisque donc les Vapeurs, incapables de s'élever par elles-mêmes, montent nonobstant leur pesanteur, il faut nécessairement qu'elles soient élevées par quelque autre force, qui leur soit apliquée extérieurement ; & la cause de leur élévation, en tant qu'elle est adherente aux Molécules du corps qui doit être évaporé, consiste seulement en ce que la résistance de ces Molécules est moindre que la force extérieure qui agit pour les élever.

§. X.

Duplici verò modo corpora elevationi resistunt, pondere nempè vel proprio, Les Corps résistent à leur élévation ou par leur propre poids, ou par un poids étranger, c'est-à-

B.

dire, par la cohésion qu'ils ont avec d'autres Corps; il y a donc aussi deux moyens de les rendre propres à l'évaporation : Le premier est de diminuer leur poids ; & le second d'enlever tout-à-fait, ou de diminuer autant qu'il est possible, la cohésion qui tient unies à d'autres Corps les Molécules qui doivent s'évaporer.

vel alieno, quandò nempè cum aliis corporibus cohærent. Duplici igitur quoque modo corpora ad evaporationem fiunt apta, imminuendo pondus & auferendo, vel imminuendo, quantùm fieri potest, cohæsionem particularum evaporandarum cum aliis.

§. XI.

Les poids des Corps homogenes croissent & diminuent en raison directe de leurs grandeurs ; c'est pourquoi les Molécules des Corps homogenes seront d'autant moins pesantes qu'elles seront plus petites ; de sorte que les Corps qui sont divisés en des parties extrêmement déliées, deviennent propres à l'évaporation.

Pondera corporum homogeneorum crescunt vel decrescunt in ratione directa magnitudinum : Ergò particulæ corporum homogeneorum tantò minùs habebunt pondus, quantò ipsæ sunt minores. Dividendo ergò in partes subtilissimas, corpora apta fiunt ad evaporationem (§. 10.)

§. XII.

Il est vrai que la force dont l'impression pousse les Corps & les éléve en l'air diminuë en même-tems que la grandeur des Corps ausquels elle est apliquée ; mais comme les forces élevantes n'agissent que sur les surfaces, & que

Verùm quidem est una cum magnitudine corporum decrescere quoque vim quæ se se corporibus applicare, hinc eadem in aërem propellere valet ; quià verò vires elevantes superficiebus corporum

applicantur, hinc vires elevantes applicatæ decrescunt
in ratione superficierum, hæ
verò decrescunt tantùm (si
corpora supponantur sphærica,
vel, sub alia quacumque fi-
gura, similia) in ratione
quadratorum diametrorum,
dum ipsa corpora eorum-
demque pondera, in ratione
cuborum decrescunt ; facilè
patet, vim, quæ magnum
corpus elevare haud potest,
partes ejusdem minimas elevare posse, quamquàm ipsa
vis elevans, etiam cum
magnitudine particularum e-
levandarum decrescat. Sit
E. G. diameter sphæræ 100.,
erit ipsa sphæra ejusque pondus 1000000., ejusque su-
perficies 10000. Sit vis e-
levans superficiei applicata
1000., & erit corporis resistentia millies major vi elevante. Dividatur corpus in
1000. partes æquales, & erit
pondus cujuslibet partis
1000., superficies 100., &

celles-ci , (soit qu'on supose les
Corps Sphériques, ou de quelque
autre figure que ce soit) dimi-
nuënt seulement en raison des
quarrés de leurs diamétres, tandis
que les Corps, & par conséquent
leurs poids, diminuent en raison
des cubes, il est facile de concevoir qu'une force insuffisante pour
élever un Corps, peut en élever les
plus petites parties, quoi qu'elle
diminuë proportionnellement à la
diminution de grandeur des Molécules qu'elle doit élever. Exemple:
Soit le diametre d'un Corps Sphérique cent ; la Sphére même &
son poids sera un million, & sa surface sera dix mille. Soit apliquée
à cette surface la force élevante
mille, la résistance du Corps sphérique sera mille fois plus grande
que la force élevante. Si on divise
ce Corps en mille parties égales ,
le poids de chaque partie sera mille , la surface cent, & la force ap-
pliquée à la surface dix. En effet,
le même raport qui se trouve entre la premiere surface du Corps
laquelle étoit 10000. & celle de la

milliéme partie qui eſt 100. ſubſiſte entre la force élevante 1000. qui pouvoir agir ſur la premiere ſurface, & cette même force réduite à 10. qui peut être apliquée à la ſurface d'une milliéme partie. De ſorte qu'après cette diviſion la réſiſtance du poids n'eſt que cent fois plus grande que la force élevante. Soit diviſé le même tout en 1000000. de parties égales, le poids de chacune de ces Molécules ſera 1. également ſa ſurface ſera 1. & la force élevante qui peut être apliqué à la ſurface ne ſera que 0. 1. de ſorte que la réſiſtance du poids excedera ſeulement de dix fois la force élevante. Soit de rechef chaque millioniéme partie diviſée en 8000. parties égales, le poids de chaque nouvelle Molécule ſera $\frac{1}{8}$000. ſa ſurface $\frac{1}{4}$00. donc la force élevante aplicable à cette ſurface $\frac{1}{4}$000. & par conſéquent elle excedera du double le poids de la Molécule qu'il faut élever.

vis ſuperficiei applicata 10. *Ut enim prior ſuperficies totius* 10000. *ad ſuperficiem partis milleſimæ* 100., *ſic vis quæ priori ſuperficiei applicari poteſt* 1000. *ad vim quæ ſuperficiei partis milleſimæ applicari poteſt* 10. *Adeoque jam pondus reſiſtens centies tantum majus eſt vi elevante. Dividatur totum in* 1000000. *partes æquales, & erit pondus particulæ* 1., *ſuperficies quoque ejuſdem* 1., *& vis quæ ſuperficiei applicari poteſt tantum* 0. 1. *adeoque reſiſtens pondus decies tantum majus vi elevante. Si quælibet particula millioneſima denuò in* 8000. *partes æquales dividatur, erit pondus novæ particulæ* $\frac{1}{8}$000., *ſuperficies ejuſdem* $\frac{1}{4}$00., *ergò vis huic ſuperficiei applicabilis* $\frac{1}{4}$000. *ergò duplo major pondere elevando.*

§. XIII.

C'eſt de cette façon déduite   *Tali modo* (§. 11. & 12.)

vis elevans major fit pon- dans les Paragraphes 11. & 12.
dere elevando in corporibus que la force élevante devient plus
homogeneis, quæ per se, i. e. grande que le poids qui réfiste à
fine addito tertio corpore, fo- l'élévation, dans les Corps homo-
lo nempè igne & aëre, eva- genes, qui par eux-mêmes font
porabilia fiunt, E. G. in fufceptibles d'évaporation avec les
mercurio, aqua, gummati- fecours de l'air & du feu, fans
bus, fpiritu vini, &c. Cùm avoir befoin du concours d'un
verò fieri queat, ut corpus in troifiéme Corps. Tels font par
tot partes dividi nequeat, in exemple, le Mercure, l'Eau, les
quot dividendum effet, ut Gommes, l'efprit de Vin, &c.
vis elevans major evadat Cependant comme il eft des
pondere, fieri quoque poteft, Corps qui ne peuvent pas être di-
ut corpus abfque addito non vifez en autant de parties qu'il fe-
fit evaporabile, quamquàm roit neceffaire pour rendre la for-
alio corpore evaporabili fit fpe- ce élevante plus grande que le
cificè levius. Hinc explicari poids, il peut arriver qu'un Corps
poteft quarè falia alcalica fi- ne fera pas fufceptible d'évapora-
xa non funt evaporabilia, tion s'il n'eft joint avec quelque
quamquàm mercurius, quip- autre, quoique le Corps qui n'eft
pè multoties fale fixo fpecificè pas fufceptible d'évaporation ait
gravior, evaporari queat. plus de légéreté fpecifique que celui qui en eft fufceptible. C'eft
auffi de là que fe tire la raifon de ce que les Sels alcalis fixes
ne font pas fufceptibles d'évaporation, & que le Mercure,
dont la pefanteur fpécifique excéde de beaucoup celle du Sel
fixe, peut s'évaporer.

§. XIV.

Multo minùs verò ea cor- Les Corps qui ont beaucoup

plus de pesanteur specifique que ceux qui sont susceptibles d'évaporation, & qui outre cela, ne peuvent pas être divisez en des parties assez petites, pour recevoir l'impression des forces élevantes, ne peuvent pas être dissous en Vapeurs. C'est sur ce fondement qu'on doit expliquer la fixité des Métaux.

pora in vapores mutari poterunt, quæ alio quodam evaporabili sunt specificè graviora, in partes verò satis exiguas dividi nequeunt. Et ex hoc fundamento Metallorum fixitas explicanda erit.

§. XV.

Cependant les Corps, qui d'eux mêmes ne sont pas susceptibles d'évaporation, comme il a été dit dans les Paragraphes 13. & 14. peuvent être changés en Vapeurs, par l'adhésion de quelques autres Corps spécifiquement plus légers qui augmentent à la vérité la grandeur & le poids des Molécules qui ne sont pas susceptibles d'évaporation, mais qui ne les augmentent pas proportionnellement. Lorsque la grandeur des parties a reçû de l'augmentation, la surface se trouve augmentée, & par conséquent la force élevante, qui agit sur la surface; mais il faut que l'augmentation du poids soit en raison moin-

Salia corpora, per se non evaporabilia, (S. 13 & 14.) in vapores tamen mutari queunt, si ipsis alia corpora specificè leviora adhæreant, quibus particularum non evaporabilium magnitudo quidem & pondus, non tamem proportionale augentur. Magnitudine partium auctâ, augetur quoque superficies, hinc vis elevans quæ in superficiem agit. Minori igitur ratione ut pondus crescat necesse est, quàm superficies, si vis elevans pondere major evadere debeat. Sit corpus elevandum Sphærâ, ejus diameter ro.

& erit pondus corporis 1000. *superficies verò* 100. *; sit porrò vis elevans superficiei proportionata itidem* 100. *, nec poterit corpus elevari, decies enim pondus vi elevante majus est. Dividatur corpus in mille partes æquales, & erit tam diameter quàm pondus & superficies partis millesimæ, hinc & vis superficiei ejus applicanda* 1. *Hinc nec millesima corporis particula elevari poterit, quià resistens pondus vi elevanti est æquale.*

Quòd si igitur hæc pars millesima, viribus artis vel naturæ, in minores dividi nequeat, erit non evaporabilis per se. Sit jam aliud corpus, cujus gravitas specifica sit ad gravitatem specificam particulæ per se non evaporabilis, ut 14 *ad* 8. *: Hujus levioris corporis partes* 7. *ad-*

dre que celle de la surface, afin que la force élevante puisse l'emporter sur le poids. Soit le Corps qui doit être élevé une Sphére, dont le diametre sera 10., le poids 1000., la surface 100. Soit la force élevante proportionnée à la surface 100., dans cette suposition le Corps ne pourra pas être élevé, puisque son poids est dix fois plus grand que la force élevante. Si l'on divise ce Corps en mille parties égales, le diametre, le poids & la surface de chaque milliéme partie, & par conséquent la force élevante qui doit être apliquée à cette surface seront 1. & cette milliéme partie du Corps ne pourra pas être élevée, puisque la résistance du poids est égale à la force élevante.

Il suit de là que cette milliéme partie n'est point susceptible d'évaporation par soi-même, si par les forces de l'Art ou de la Nature, elle ne peut pas être soudivisée en des parties plus petites. Mais si l'on donne un autre Corps, dont la gravité spécifique soit à l'égard de la gravité spécifique de la Molécule, qui par soi-même n'est pas fusceptible d'évaporation, comme 1. à 8. & que par l'adhéfion de fept parties de ce Corps plus leger à cette Molécule, non fufceptible d'évaporation, dont la grandeur fera 8. le poids $1\frac{7}{8}$. & la furface 4. alors la force aplicable à cette furface fera 4. & par conféquent elle excedera plus de deux fois le poids $1\frac{7}{8}$. qu'il faut élever. C'eft ainfi qu'une Molécule, incapable par foi-même d'évaporation, eft changée en vapeur, par l'adhéfion d'un autre Corps fpécifiquement plus léger, diftribué dans une proportion convenable.

hæreant particulæ non evaporabili, & erit compofiti magnitudo 8. pondus $1\frac{7}{8}$., fuperficies 4., hinc & vis quæ fuperficiei applicari poteft 4., ergò plus quàm duplo major pondere elevando. Particula ergò quæ fibi relicta evaporari nequit, in vaporem mutatur, fi ipfi tale fpecificè levius, decenti quantitate adhæreat.

§. XVI.

Les exemples propres à confirmer cette vérité fe tirent.

A) De l'Or, qui peut être rendu volatil, au moyen d'un efprit, compofé de Sel Ammoniac & de Nitre, fuivant le raport de Sthall (*fumdam. Chim. part. fpecial. artic. 1. cap. 5. §. 43.* dont voici les paroles.) il eft remarcable dans le Sel Ammoniac, qu'étant mêlé avec le Nitre, & mis fur le feu, il s'enflamme quelque peu, fi l'operation fe fait à decouvert; mais

Exemplà quæ hùc fpectant funt:

A) Aurum, quod referente Stahlio (Fund. Chim. part. fpecial. art. 1. cap. 5. §. 43.) per fpiritum, ex fale ammoniaco & nitro paratum volatile reddi poteft: Inquit nempè: » Notabile » eft in fale ammoniaco, quòd » nitrum commixtum & igni admotum, flammam » aliquam concipiat, fi in » aperto.

» aperto tractetur; in occlufo
» v. g. retorta tabulata, fu-
» mum talem copiofum cruc-
» tet, qui in Recipiente lique-
» rofam confiftentiam nan-
» cifcitur, & in fpiritum col-
» ligitur aurun folventem
» & valdè attenuantem,
» ità ut digeftione & coho-
» bits repetitis in volatilem
» fubftantiam id ipfum cle-
» vet fecum, & tranftillare
» faciat. «

B). Ferrum & lapides
hamatites, quæ, fale am-
moniaco mixta, volatilia
fiunt.

fi c'eft dans un vafe fermé; par exemple dans une cornüe bien planchée, il en fort une fumée fi copieufe, qu'elle acquiert dans le récipient la confiftence de liqueur & fe raffemble en un efprit qui diffout l'Or & en attenüe confidérablement les parties, de forte que par le moyen de la digeftion, & des fréquentes cohobations, il l'éléve avec foi en fubftance volatile & le réfout en Vapeur.

B) Le fecond exemple fe tire du Fer, & de la Sanguine, qui deviennent volatils par leur mêlange avec le Sel Ammoniac.

§. XVII.

Cùm corpora per fe fixa additis fpecificè levioribus, volatilia reddi queant, fimili planè modo volatilium corporum volatilitatem augere licebit. Sic Mercurius, dum additis falibus acidis falis communis, in Mercurium fublimatum mutatur, leniori adhibito igne, & brevieri tempore in aërem tranfit,

Puifque les Corps qui font fixes de leur nature, peuvent être volatilifez par leur adhéfion à d'autres Corps fpecifiquement plus légers on pourra par le même moyen augmenter la volatilité des Corps volatils. C'eft ainfi que le Mercure, lorfqu'on y ajoute les Sels acides du Sel commun, fe change en Mercure fublimé avec un feu plus modéré, & paffe dans l'air plus promptement que le Mercure crud d'un poids égal : ce qui a également lieu à l'égard du Cinabre, parce qu'il est composé de Soufre & de Mercure.

quàm Mercurius crudus ejusdem ponderis. Id quod etiam de Cinnabari valet, quippè quæ ex sulphure & mercurio componitur.

§. XVIII.

Mais comme les Corps volatils plus légers rendent volatils, par leur cohésion, les autres Corps fixes, comme il se voit dans les Paragraphes 15. & 16. que même quoiqu'ils soient plus pesans, pourvû qu'ils soient volatils, ils en augmentent la volatilité, selon le Paragraphe 17. par une raison contraire, ces Corps volatils plus légers, par leur union avec des Corps plus pesans, deviennent fixes, ou moins volatils qu'ils ne l'étoient dans leur état naturel. Exemple : soient donnés deux Corps, dont l'un à raison de sa grandeur sera 8. & l'autre 1. d'une pesanteur absoluë ou d'un poids égal ; par exemple 16. ils seront à raison de leurs surfaces dans la proportion de 4. à 1. Si ces deux Corps sont unis ensemble leur poids sera de 32. & leur surface

Quemadmodum verò corpora levia volatilia, alia fixa, hisce cohærendo reddunt volatilia (§. 15. & 16.) vel graviora quidem, volatilia tamen, mutant in magis volatilia, (§. 17.) sic contrà, ipsa ista leviora volatilia, unione cum gravioribus fiunt vel fixa, vel minùs volatilia quàm erant sibi relicta. Sint duo corpora, alterum ratione magnitudinis 8. alterum 1. gravitate absoluta, seu pondere æqualia, v. g. 16. erunt ratione superficierum ut 4. ad 1. : Cohæreant hæcce inter se, & erit pondus unitorum corporum 32., superficies verò minor quàm 5. Sit porrò vis quæ superficiei levioris corporis sibi relicti, pro elevatione in aëre obtinenda, applicari potest ═24., & erit vis quæ superficiei corporum unitorum applicari potest paulò minor quàm 30. (sunt enim homogeneæ vires, superficiebus applicandæ, in ratione superficierum (S. 12.) ergò minor pondere elevando, adeòque corpus evaporabile per se, cohæsione cum non evaporabili mutatur in fixum. Quòd si verò duo corpora ratione ponderum sint æqualia, v. g. 16. ratione magnitudinis ut 27. ad 8., vis specificè leviori applicanda 30. erunt superficies ut 9. ad 4.: Uniantur hæcce corpora, & erit pondus compositi 32., superficies ejusdem minor quàm 12.: Ergò vis, huic superficiei pro elevatione applicanda, minor quàm 40. Tali vi potest quidem pondus 32. elevari; est verò hæc vis elevans quartâ tantùm parte pondere elevando major, cùm si specificè levius sibi relictum 16. à vi 30. ele-

moindre que 5. Soit aussi donnée une force, qui étant égale à 24. apliquée à la surface du Corps le plus léger, auroit été suffisante pour l'élever en l'air ; & que cette force qui doit être apliquée à la surface des deux Corps unis, soit un peu moindre que 30. (car les forces sont homogenes, proportionnellement aux surfaces, ausquelles elles doivent être appliquées, suivant le Paragraphe 12.) elle sera donc moindre que le poids qu'elle doit élever ; ainsi le Corps par soi-même susceptible d'évaporation, devient fixe par sa cohésion avec un Corps qui n'en est pas susceptibl e supérieurs à présent que les poids de ces deux Corps soient en raison égale ; par exemple 16. & les grandeurs en raison de 7. à 8. Suposons aussi que la force aplicable au Corps spécifiquement le plus léger soit 30. & les surfaces comme 9. à 4. après l'union de ces deux Corps, le poids du composé sera 32. & sa surface moindre que 12. conséquemment la force qui doit être apliquée à la furface de ce compofé, pour parvenir à fon élévation, fera moindre que 40. cette force fuffit à la vérité pour élever le poids de 32. mais la force élevante n'excéde que d'une quatriéme partie le poids qu'il faut élever ; au lieu que fi le Corps fpécifiquement plus léger avoit refté dans fon état naturel, 16. étant élevé par la force 30. la force élevante l'emporteroit prefque du double fur le poids. Donc les Corps fufceptibles d'évaporation , le deviennent beaucoup moins, par leur adhéfion à un Corps fixe.

varetur, vis elevans duplè ferè major effet refiftentiâ: Ergò evaporabilia fiunt minùs talia, fi corpori fixo adhæreant.

§. XIX.

Les exemples qui prouvent que les Corps volatils deviennent fixes par leur cohéfion avec des fixes font.

1°. Les Sels acides des efprits acides , lorfque par leur cohéfion avec le Sel de Tartre , ils font changés en des Sels moyens. En effet on ne peut rendre volatils ni le Tartre Vitriolé , ni le Nitre , ni le Sel commun , fi on les laiffe dans leur état naturel; quoique les efprits acides du Vitriol , du Nitre & du Sel commun , foient volatils.

2°. Les Souffres. Car quoique

Exempla quæ probant corpora volatilia cohæfione cum fixis fieri fixa , funt :

1°. Salia acida fpirituum acidorum, quandò , cohæfione cum fale tartari, in falia mutantur media , nequaquam enim vel tartarus vitriolatus , vel nitrum , vel fal commune , fibi relicta volatilia fieri queunt , quamquàm fpiritus acidi vitrioli , nitri & falis communis, fint volatiles.

2°. Sulphura ; quamquàm

enim principium istud mate-
riale, quod Sulphur appella-
tur, in regno animali vege-
tabili & minerali sibi sit pla-
nè simile, uti in chimicis ex
mutatione sulphuris unius
regni in sulphur alterius de-
monstrari potest, & sulphu-
ra in regno vegetabili & a-
nimali, immò quoque quæ-
dam sulphura in regno mine-
rali, ut sulphur commune,
sint inflammabilia, hinc e-
vaporabilia; sulphur tamen,
quatenùs metallis, præcipuè
auro & argento adhæret,
minimè evaporabile reddi
vel inflammari potest.

le principe materiel qu'on nomme Souffre, soit parfaitement le même dans les trois regnes, Animal, Vegetal & Mineral, (ce qui peut se démontrer par la transmutation que les Chimistes font du Souffre d'un regne en celui d'un autre) quoique les Souffres du regne Animal & Vegetal, aussi bien que quelques-uns du regne Vegetal, soient inflammables, & par consequent, susceptibles d'évaporation; cependant le Souffre adherant aux Métaux, principalement à l'Or & à l'Argent, n'est susceptible ni d'évaporation ni d'inflammation.

§. XX.

Corpora magno gradu vo-
latilia, cohæsione cum minùs
volatilibus, vel etiam fixis,
fieri minùs volatilia, multis
exemplis probari potest. Sic:

Les Corps qui sont volatils dans un degré éminent, peuvent perdre de leur volatilité, par leur cohésion avec des Corps ou fixes ou moins volatils, ce qu'on peut prouver par plusieurs exemples.

1°. Ipsæ ignis particulæ,
quæ sibi relicta, quales sunt
in foco vitri caustici, in mo-
mento in aërem transeunt,

1°. Les particules du feu (qui, lorsqu'elles ont leur liberté, comme dans le foïer du miroir ardent passent dans l'air à l'instant,) sont retenuës en plus grande quantité dans les Corps, ausquels elles sont adhérentes, à proportion de la pesanteur spécifique des mêmes Corps. C'est pourquoi les Corps spécifiquement les plus pesans, tels que sont les Métaux, & les Pierres, non-seulement conservent long-tems leur embrasement & leur chaleur, mais encore ils contiennent une si grande quantité de particules ignées, lors même qu'ils semblent froids à l'attouchement, qu'il suffit d'un frottement véhément, & fréquemment réïteré, pour leur rendre la chaleur & l'embrasement qu'ils avoient perdu.

2°. Il en est de même des parties de l'Eau, qui s'évaporent toutes dans tous les lieux où l'air a un libre accès, sans avoir besoin de la cohésion des autres Corps, mais qui ne passent point dans l'air, à moins qu'elles n'y soient déterminées par un degré considérable de chaleur, si elles se trouvent en cohésion.

A.) Ou avec des Sels alcalis

tantò majori copiâ retinentur à corporibus, quò ipsa corpora, quibus adhæret ignis, sunt specificè graviora. Hinc est quòd corpora specificè graviora, ut metalla & lapides, non solùm incandescentiam & calorem diù conservant, sed & tametsi frigida sint ad contactum, tantam tamen particularum ignearum adhuc continent copiam, ut solâ forti & frequenter reiteratâ concussione, calida, immò candentia reddi queant.

2°. Aquæ quoque partes, quæ, si inter se tantum cohæreant, omnes in loco quocumque, ad quem liberius aër accedit, evaporant, non transeunt in aërem, nisi insignis accedat caloris gradus, si cohæreant.

A.) *Vel cum salibus al-*

ealicis fixis, ut in oleo tartari p. d.

B) Vel cum copiosis acidis salibus & paucis metallicis particulis, ut in oleo vitrioli.

C) Vel cū terrestribus partibus, ut in ossibus & lignis; tametsi enim hæc ultima corpora ad sensum quoque fiant sicca, copiosas tamen adhuc aqueas partes continent, ut destillatione ossium & lignorum exsiccatorum discimus.

3°. Salia urinosa volatilia, quæ quousque libera sunt, absque calore sensibili in aërem transeunt, fiunt minùs volatilia, si cum acido salis communis in sal ammoniacum, vel cum acido nitri in sal ammoniacale mutantur; hæc enim ammoniacalia salia absque igne non sunt volatilia; immò eadem urinosa cum acido olei vitrioli dant sal medium ammonia-

fixes, comme avec l'Huile de Tartre par défaillance.

B) Ou avec une quantité copieuse de Sels acides, mêlés avec très peu de Molécules métalliques comme avec l'Huile de Vitriol.

C) Ou avec des parties Terrestres, comme avec des Ossemens & du Bois ; car quoique ces derniers Corps paroissent secs à nos sens, ils sont encore chargés d'une quantité copieuse de parties aqueuses ; comme on peut s'en convaincre par la distillation des Os, & du Bois desséché.

3°. Les Sels urineux volatils, qui n'ont besoin d'aucune chaleur sensible pour passer dans l'air, tandis qu'ils sont dans leur liberté, deviennent moins volatils, s'ils sont changez en Sel Ammoniac, avec l'acide du Sel commun, ou en Sel Ammoniac avec l'acide de Nitre. Ce qui provient de ce que ces Sels Ammoniacaux, sans le secours du feu, ne sont pas volatils. On peut aussi remarquer que ces Sels urineux, mêlés avec l'acide d'Huile de Vitriol , donnent un Sel moyen Ammoniacal, dont la plus grande partie est presque fixe.

4°. Les Sels acides des esprits acides , principalement l'acide du Nitre, & celui du Sel commun , s'exhalent à l'air libre sans le secours du feu; mais s'ils se trouvent unis avec le Mercure ou avec l'Argent , l'action du feu devient nécessaire pour les rendre volatils.

5°. L'inflammabilité des Corps sulfureux, qui est le principe de leur évaporation, est considérablement diminuée par leur union avec un Corps fixe. C'est ainsi que le papier ne prend feu qu'avec peine , lorsqu'il a été imbibé d'Huile de Tartre par défaillance, & ensuite desséché. Bien plus , si on double la dose de cette recette & qu'après l'avoir faite fondre & rougir , on y jette des charbons coupés à morceaux , non-seulement ces charbons ne s'embrasent pas, mais encore dans ce sel fondu il se forme un véritable souffre commun, lequel , tandis qu'il demeure uni avec ce Sel, rougit seu-

cale, maximam partem ferè fixum.

4°. Spirituum acidorum salia acida , præcipuè acidum nitri & salis communis, in aëre liberiori , absque igne quoque exhalant , mercurio verò vel argento connexa , non nisi ope ignis sunt volatilia.

5°. Sulphureorum quoque corporum inflammabilitas , hinc evaporabilitas insigniter imminuitur, si corpori jungantur fixo. Sic charta , oleo tartari p. d. humectata , rursusque exsiccata vix accendi potest ; &, si arcano duplicato fuso & candenti adjiciantur carbonum frustula, non solùm carbones non accendunt , sed & in ipso hoc sale fuso generatur sic verum sulphur commune, quod verò , quousque huic sali junctum est, in sat vehementi igne non ardet , tametsi candeat.

Ex

lement fans brûler, quoiqu'on le mette dans un feu affés violent.

§. XXI.

Ex hactenus dictis satis patet, totam caufam, quâ corpora fieri queunt volatilia, & quatenus in ipfis haret particulis evaporabilibus, in earundem harcre exiguitate, quæ tamen, pro ratione ponderis, diverfa effe poteft.

Cùm igitur refolutione corpora in minutas minutiffimafque dividantur partes, refolutio quoque inter caufas, remotas tamen, evaporationis erit referenda. Ob id ipfum verò, quia refolutio eft præcedens tantùm caufa evaporationis, & ad ipfum evaporationis actum nihil planè confert, puto eam non fuiffe mentem Illuftris Accademiæ, ut qui afcenfum Vaporum explicat, refolutionis quoque corporum fimul exponat modum: Sed fufficere credo, fi

Il réfulte de ce que nous avons dit jufqu'àpréfent, que toute l'influence que l'on peut attribuer aux Molécules mêmes fufceptibles d'évaporation, dans ce qui peut rendre les Corps volatils, confifte feulement dans la petiteffe de ces Molécules, laquelle peut pourtant être différente, proportionnellement à l'inégalité de leur poids.

On peut ajouter que puifque la diffolution des Corps les divife en parties extrémement déliées, elle doit être mife au nombre des caufes éloignées de l'évaporation. Mais comme la diffolution ne peut être regardée que comme une caufe précédente, & qu'elle ne contribuë pas à l'acte même de l'évaporation, je ne penfe pas que cette Illuftre Academie veuille exiger qu'en expliquant la maniere dont fe fait l'élévation des Vapeurs, on explique auffi comment fe fait la diffolution des Corps; mais je crois qu'à l'égard de la difsolution il suffira de raporter seulement ce qui est constaté par l'experience.

§. XXII.

J'avance donc, comme des choses connuës par experience Phisique :

1°. Que le feu dissout les Corps & qu'il en est plusieurs dont il attenuë tellement les parties, qu'elles sont assez petites pour s'évaporer.

2°. Que tandis que les Molécules des Corps déliées & propres à l'évaporation sont environnées par le feu, elles n'ont que très peu de cohésion entr'elles, ni avec les autres Molécules.

3°. Que la fluidité de l'Eau est causée par le feu.

4°. Que par cette raison les parties de l'Eau chaude ont moins de cohésion entr'elles que celles de l'Eau froide, comme nous l'avons dit Paragraphe 3. & 4.

5°. Que l'Eau principalement lorsqu'elle est chaude, dissout les Sels, les Corps Salins, & les

---

quod ad hanc causam, resolutionem nempè, ea tantùm quæ per experientiam constant, afferantur.

Assumo igitur tanquàm notum per experientiam phisicam :

1°. Ignem resolvere corpora, & quidem multa in partes adeò minutas, ut ad evaporationem sint satis exiguæ.

2°. Quòusque ignis minutas & ad evaporationem aptas corporum particulas ambit, eòusque istas inter se & cum aliis particulis parùm admodùm cohærere.

3°. Aquæ quoque fluiditatem esse ab igne.

4°. Aquæ hinc calidæ partes minùs inter se cohærere, quàm frigidæ aquæ partes, (§. 3. & 4.)

5°. Aquam quoque, præcipuè calidam, resolvere salia, corpora salina & terres-

tria non nimis solida.

6°. Salia quoque tam a-cida, quàm urinosa, resol-vere quædam corpora, idque majori gradu, si decente quantitate, in aqua hæreant calida, quàm si in aëre tan-tùm volitent.

7°. Aërem quoque resolu-tionem corporum augere, qua-tenus in interstitiis particula-rum minimarum aliùs cu-jusdam corporis hæret, &, elasticitate suâ, particulas ambientes constanter separare conatur. Actualis tamen re-solutio, à solo aëre nunquàm fit, sed tunc demùm aër se-parat particulas corporum am-bientes, si harum cohæsio, ab alio solvente priùs imminua-tur, vel aëris inclusi elater per calorem accedentem au-geatur, vel utrumque fiat simul.

Corps Terrestres qui ne sont pas trop solides.

6°. Que les Sels, soit acides soit urineux, dissolvent certains Corps, & que cette dissolution est portée à un plus haut degré, si les Sels en suffisante quantité, sont adhérens à l'Eau chaude, que s'ils ne font que voltiger dans l'air.

7°. Que l'air augmente aussi la dissolution des Corps, en tant qu'il s'arrête dans les interstices des plus petites Molécules de quel-qu'autre Corps, & que par son élasticité, il fait, pour en séparer les Molécules environnantes, un effort continuel. Cependant l'air seul n'opére jamais la dissolution actuelle ; mais afin qu'il sépare les Molécules environnantes des Corps, il faut, ou que la cohé-sion de ces Molécules ait été aupa-ravant diminuée par un autre dis-solvant, ou que la chaleur interve-nante augmente l'élasticité de l'air renfermé, ou que l'une & l'autre de ces deux choses concourent ensemble.

§. XXIII.

Après avoir suffisamment parlé des caufes, dont l'une, qui confifte dans la diffolution des Corps fuivant le Paragraphe 21. peut être regardée comme la caufe précédente, & l'autre qui confifte dans la petiteffe des parties qu'il faut éléver, peut être dite une caufe efficiente concomitante de l'évaporation, il nous refte à examiner les caufes proprement dites de l'élévation des Vapeurs.

Abfolutis jam iis quæ partim tanquàm caufa præcedens, partim tanquàm concaufa efficiens confiderari poffunt, quorum prius in refolutione corporum, (S. 21.) alterum in exiguitate partium elevandarum confiftit, ipfæ quoque caufæ elevantes confiderandæ veniurt.

§. XXIV.

Nous avons ci-devant prouvé Paragraphe 5. & 6. que le feu & l'air devoient être mis au nombre des caufes de l'évaporation. Nous ajoutons même que toute la force élevante des Vapeurs réfide dans le feu & dans l'air, puifque l'expérience nous aprend, qu'il ne faut que leur préfenter un Corps fufceptible d'évaporation, pour parvenir à le faire évaporer ; & que d'ailleurs nous avons vû dans le Paragraphe 8. que le Corps eft à la vérité capable de réfifter à l'élévation de fes Molécules, mais qu'il ne peut pas l'opérer.

Suprà evicimus ignem & aërem inter caufas evaporationis effe numerandos ; (S. 5. & 6.) immò cùm his præfentibus, experientiâ tefte, nil nifi corpus evaporabile, pro obtinenda evaporatione, requiratur, hoc verò afcenfum fuarum particularum impedire quidem, non verò efficere valeat, (S. 8.) omnis vis elevans vaporum in igne & aëre eft quærenda.

§. XXV.

Cùm omnia corpora agant in alia, vel cùm motu, vel sine motu, & hoc, si sit actio, fiat vel ob aliud externum premens, vel ex gravitate, vel ex cohæsione; de igne quoque & aëre, tam conjunctim quàm seorsim, inquirendum erit, nùm elevationem vaporum præstent agendo in partes evaporabiles, cum vel sine motu, & si hoc sit, nùm actio fiat vel ex pressione externi cujusdam corporis, vel ex pondere, vel ex cohæsione.

Tous les Corps agissent sur d'autres Corps ou avec mouvement, ou sans mouvement, & si c'est sans mouvement, leur action provient ou de la pression de quelqu'autre Corps extérieur, ou de la pesanteur, ou de la cohésion des Corps agissans. Il faut donc porter nos recherches sur le feu & l'air, agissans ou conjointement ou séparément pour élever les Vapeurs, pour savoir s'ils opérent en agissant sur les parties susceptibles d'évaporation, avec mouvement ou sans mouvement ; & en ce dernier cas, si leur action provient de la pression de quelque Corps extérieur, ou de leur poids, ou de leur cohésion.

§. XXVI.

Ignis purus, qualis est in foco vitri caustici, ab alio impellente (quatenus nempè hoc in motu constitutum in igne agit) propelli, vel de loco moveri haud potest. Probat hoc iste conus, quem radii solares post vitrum causticum formant; quocumque enim cer-

Le feu pur, tel qu'il est dans le foyer du miroir ardent, ne peut être chassé ni remué de sa place par quelqu'autre Corps qui le pousse (de façon que ce Corps mis en mouvement agisse sur le feu.) Cela se prouve par le Cone que les rayons du Soleil forment derriere le miroir ardent ; car quelque corps que vous employés pour pousser ce Cone, vous ne le ferez jamais changer de place : donc le feu pur n'agit point sur les Corps, en tant qu'il est poussé lui-même par un autre Corps mis en mouvement.

pore istum lateraliter impellas, nunquàm eundem è loco dimovebis : Ergò ignis purus non agit in corpora, quatenus ipse ab alio corpore in motu constituto propellitur.

§ XXVII.

Lorsque le feu est en cohésion avec les Molécules d'un autre Corps, ce qui se voit dans la flamme, il peut à la vérité, être poussé par quelque autre Corps mis en mouvement, mais la pénétration du feu dans les autres Corps ne peut pas provenir de cette impulsion seule, puisque les Phénoménes causez par la pénétration du feu dans les Corps sont contraires à ceux qu'on observe dans un fluide, qui agit par la pression ou l'impulsion qu'il reçoit d'un autre corps. En effet, puisque les parties de la flamme n'ont entr'elles qu'un très-petit degré de cohésion, elles devroient étant pressées, s'échaper de toutes parts & par conséquent, vers les Corps environnans, dans lesquels elles trouveroient le moins de résistan-

Ignis cum particulis aliûs corporis cohærens, v. g. flamma, ab alio corpore in motu constituto pelli quidem potest; ast ex hac propulsione sola penetratio ignis in alia corpora derivari nequit, contraria enim sunt phænomena ignis penetrantis in corpora iis phænomenis, quæ in fluido agente, quatenus ab alio corpore premitur vel pellitur, observantur. Flamma enim partes, quippè minimo inter se cohærentes gradu, pressa quaquà versus tendere, hinc in ista corpora ambientia, in quibus minima erit resistentia, id est in corpora magis porosa, sive specificè leviora, maximâ quantitate penetrare deberent : Experientia ve-

rò docet, ignem citiùs & majori copiâ, ex corpore quocumque calido, in corpora specificè graviora penetrare, quàm in leviora; (id quod videmus, si conus metallicus solidus calidus immittatur alio cono metallico crasso cavo & frigido, intrà unum enim minutum primum prior suum amittet calorem, quem tamen in aëre per dimidiam ferè horam conservare valet.) Hinc cùm ignis in ea corpora maximâ penetret quantitate, & simul brevissimo tempore, in quibus, si tanquàm corpus pressum penetraret, maximam sentiret resistentiam, hinc in quæ minimâ quantitate & tardè admodùm penetrare deberet, hæc ignis penetratio ex sola vi impellente externâ derivari nequit.

ce; c'est pourquoi elles devroient pénétrer en plus grande quantité dans les Corps les plus poreux, ou dans ceux qui auroient une plus grande légéreté spécifique. Cependant l'expérience nous aprend que le feu, qui sort de quelque Corps chaud que ce soit, pénétre plus promptement, & en plus grande abondance, dans les Corps les plus pesans que dans les Corps les plus légers; nous en avons l'experience, dans un Cone métallique solide chaud, qui inféré dans un autre Cone métallique épais, creux & froid, perdra sa chaleur dans la premiere minute, au lieu qu'il l'auroit conservée dans l'air, pendant près de demi-heure. De sorte que le feu pénétrant en plus grande abondance & plus promptement, dans les Corps, dans lesquels, s'il pénétroit par la pression d'un Corps étranger, il trouveroit une très-forte résistance, & dans lesquels

par conséquent sa pénétration devroit être beaucoup moindre & plus tardive, on ne peut pas dire que la pénétration du feu tire sa source de l'impulsion d'un Corps extérieur.

§. XXVIII.

La dispute n'est pas encore terminée entre les Chimistes pour savoir si le feu est un Corps pesant. Quoique je sache avec certitude qu'il l'est, cependant comme sa pesanteur est au moindre degré, elle ne peut agir que fort foiblement ; & à supofer même que sa pesanteur fût exceffive, on ne sauroit lui attribuer la pénétration du feu dans les Corps ; quand ce ne seroit que par cette seule raison, que le feu pénétre les Corps superieurs, du moins aussi promptement, & en aussi grande abondance, (pour ne rien dire de plus) que ceux qui font au deffous de lui, contre la régle établie pour les actions qui émanent de la pefanteur, lesquelles ne tendent jamais en haut.

Nùm ignis fit grave corpus, inter Chimicos adhuc lis est. Quamquàm verò ipfe certus fim, ignem effe corpus grave, minima tamen ejus erit gravitas, hinc nonnifi debilis effectus ex eadem poterit derivari: Et fi maxima effet, penetratio tamen ignis in corpora ex eadem deduci, vel ideò tantùm, haud poffet, quià in corpora igne fuperiora, fi non majori, faltem æquali celeritate & quantitate penetrat, ac in ea quæ funt infrà ignem ; actio verò versùs fuperiora, non eft ex gravitate, fed contrà eandem.

§. XXIX.

Conféquemment, puifque les actions du feu fur les Corps ne peuvent provenir, ni de la preffion ni de la feule impulfion d'une force extérieure, comme il a été demontré, Paragraphe 27. ni du

Cum igitur actiones ignis in corpora nec ex vi externa premente vel impellente folâ, (§. 27.) nec ex pondere ipfius ignis, (§. 28.) derivari queant, ignis aget in corpora,

pora , quatenus iisdem ad-
haret. (S. 25.) Quicquid
igitur ignis, etiam tanquàm
causa evaporationis efficit ,
primariò cohæsione suâ , par-
tim cum evaporando corpore ,
partim cum aëre, partim cum
utrisque simul efficiet.

poids du feu, comme on l'a prouvé dans le Paragraphe 28. le feu
doit agir sur les Corps par son ad-
hérence avec eux. Paragraphe 25.
Il faut donc attribuer tous les effets du feu, même lorsqu'il agit en
qualité de cause de l'évaporation,
principalement à sa cohésion, en
partie avec le Corps qui se doit
évaporer, en partie avec l'air , en partie avec l'un & l'autre ensemble.

§ XXX.

Notissima hodiernis Phy-
sicis aëris sunt vires. Agit
nempè in corpora

1°. Pondere suo; & est
gravitas specifica aëris ad
gravitatem specificam aquæ
circiter ut 1. ad 922.

2°. Elatére suo; qui

A) In statu naturali sem-
per ponderi naturali aëris ,
elastico aëri incumbentis , est
æqualis.

B) In statu extraordina-
rio verò , sub codem caloris
gradu, tantò major est, quò
magis aër est compressus, &

Les forces de l'air sont aujour-
d'hui fort connuës aux Phisiciens,
qui ont découvert que l'air agit
sur les Corps

1°. Par son poids : & que la pesanteur spécifique de l'air est à la
pesanteur spécifique de l'eau environ dans la raison de 1. à 922.

2°. Par son ressort qui

A) Dans son état naturel est
toujours égal au poids naturel de
l'air , qui tombe sur un air élas-
tique.

B) Mais qui dans un état non
ordinaire , quoique dans le même
degré de chaleur, est d'autant plus
grand que l'air est plus comprimé

E

& qui au contraire, est moindre à proportion que l'air est comprimé par une moindre force; car,

C) L'élasticité, ou le ressort de l'air, est toujours égal à la force qui le comprime, &

D) Les espaces que l'air occupe dans les differentes compressions, ausquelles il est assujetti, sont en raison inverse des forces qui le compriment.

3°. L'air agit sur les Corps par son mouvement, de quelque cause qu'il provienne : Or l'expérience nous aprend que tous les Corps agissent avec plus d'impetuosité, lorsqu'ils sont déja mis en mouvement, que lorsque ces mêmes Corps ne pressent que selon la force qui a produit leur mouvement. De sorte que les fluides spécifiquement plus légers mis en mouvement, élévent des Corps spécifiquement plus pesans, qu'ils n'auroient jamais pû élever par leur propre poids. C'est ainsi que les parties déliées de la Terre sont élevées en grande quantité par

contrà tantò minor, quò minor est vis comprimens aërem: Semper enim

C) Elasticitas aëris vi comprimenti est æqualis , &

D) Spatia , quæ idem aër sub diversis viribus comprimentibus occupat, sunt in ratione inversâ virium comprimentium.

3°. Motu suo, à quacumque causâ excitato. Docet verò experientia, omne corpus in motu constitutum majore agere impetu quàm idem corpus, si eâdem vi premat tantùm quâ motum produxit. Immò fluida specificè leviora in motu constituta elevant corpora specificè graviora , quæ pondere suo elevare haud poterant. Sic ventorum impetu minutæ terræ partes magnâ copiâ in aërem elevantur, & corpora satis crassa , in vase aquâ repleto, motu aquæ elevantur, quæ

pōndere horum fluidorum ele-
vari haud poſſunt.

le mouvement de l'eau, quoique le poids de ces fluides ne soit pas suffisant pour opérer l'élévation de ces Corps.

4°. Cohærendo cum aliis corporibus, quo fit, ut, cùm cohæſio ſit actio, & omnis actio æqualem habeat reactionem, tantùm corpora versùs aërem reagant, quantùm ipſe in corpora agit.

4°. L'air agit par sa cohésion avec les autres Corps ; d'où il arrive que la cohésion étant une action, & la réaction étant toujours égale à l'action, la réaction des Corps à l'égard de l'air se trouve égale à l'action de l'air sur les Corps.

l'impetuosité des Vents : C'est ainsi que dans un vase rempli d'eau, des Corps assez épais sont élevez par

§. XXXI.

De elatere aëris adhuc conſtat, iſtum calore inſigniter augeri, adeòque aërem calore expandi. Hinc

Outre cela il conste que le ressort de l'air est considérablement augmenté par la chaleur, & conséquemment que la chaleur dilate l'air : De sorte que

1°. Aër corporibus incluſus, ſi calefiat, expanſione ſuâ vel actu ſeparat partes corporis cohærentes, vel minimùm vim aliam reſolventem inſigniter auget.

1°. Si l'air renfermé dans les Corps est échauffé, ou il sépare actuellement par sa dilatation les parties du Corps qui ont de la cohésion entr'elles, ou du moins il augmente considérablement quelqu'autre force dissolvante.

2°. Aër externus, dum talefit, ſe ſe expandit : Fit igitur aëre ambiente, non

2°. L'air extérieur se dilate en s'échauffant : Il devient donc spécifiquement plus léger que l'air environnant, qui n'eſt pas chaud, ou dont la chaleur eſt moindre: par conſéquent, ſuivant ce qui s'obſerve dans tous les Corps ſpécifiquement plus légers, qui réſident dans un fluide ſpécifiquement plus peſant, l'air dilaté eſt chaſſé en haut, & un air plus froid vient prendre ſa place. C'eſt ainſi qu'eſt excité dans l'air vers les parties ſuperieures un mouvement conſiderable, & capable de pouſſer vers les mêmes parties les autres Corps ſpécifiquement plus peſans que l'air : comme il a été dit Paragraphe 30. nombre 3.

vel minùs calido, ſpecificè levior, ergò iſte ab hoc, uti omnia corpora ſpecificè leviora in fluido ſpecificè graviori hærentia, ſurſum pellitur, & alius frigidior in ejus locum ſuccedit. Sic inſignis in aëre excitatur motus versùs ſuperiora, quo etiam alia corpora aëre ſpecificè graviora, ſuperiora versùs pelli queunt. (S. 30. n°. 3.)

§. XXXII.

Après avoir connu en gros les diverſes manieres dont le feu & l'air agiſſent ſur les Corps, il faut examiner en détail de quelle façon ils produiſent l'élévation des Vapeurs.

Cognitis jam modis quibus ignis & aër generatim in corpora agunt, ſpeciatim quoque, quomodò vaporum aſcenſum producant, diſpiſciendum erit.

§. XXXIII.

Lorſque le feu s'attache aux Corps

1°. Il les pénétre par ſon adhéſion, comme l'eau pénétre le ſucre, les ſels & les autres Corps poreux: mais cette pénétration eſt

Ignis dum adhæret corporibus,

1°. Ex adhæſione in eadem penetrat, uti aqua in ſacharum, ſalia vel alia corpora poroſa ; augetur tamen hæc

penetratio, si ignis sub flam-
ma forma corporibus applice-
tur, & flamma, ope aëris
commoti, corpora versus agi-
tetur. (S. 30. n°. 3.)

2°. Hæc penetratione ignis
in corpora horum partes à con-
tactu proximo separantur,
ergò minùs fiunt cohærentes.
(S. 22. n°. 1. & 2.)

3°. Augetur hæc particula-
rum corporearum separatio
expansione aëris inclusi : (S.
31. n°. 1.) expandit verò
se se iste aër inclusus, tam
quià cohæsio partium corporis
per ignem imminuitur, (n°.
2.) hinc aëri, constanter se
se expandere conanti, minùs
resistitur, quàm quià ejus
elater per ignem accedentem
augetur. (S. 31.)

augmentée, si on aplique le feu
aux Corps, sous la forme de la
flamme, & si cette flamme est
poussée vers les Corps, par le secours d'un air mis en mouvement;
comme il a été dit Paragraphe 30.
nombre 3.

2°. Cette pénétration du feu
dans les Corps écarte leurs parties
& les empêche de se toucher immédiatement, & par conséquent
diminuë la cohésion qu'elles ont
entr'elles, comme nous avons dit,
Paragraphe 22. nombre 1. & 2.

3°. Cette séparation des Molécules des Corps est augmentée par
la dilatation de l'air qui y est renfermé (Paragraphe 31. nom-
bre 1.) Or cet air renfermé se dilate, soit à cause que la cohésion
des parties du Corps est diminuée
par l'action du feu (ci-devant,
nombre 2.) & que par conséquent l'effort continuel que l'air
fait pour se dilater, trouve moins
de résistance, soit encore parce
que le ressort de l'air est augmenté
par l'intervention du feu, (Paragraphe 31.)

4°· Cette féparation des parties par le feu, divife les Corps en des Molécules plus petites, & par conféquent les parties des Corps qui font à raifon de leur pefanteur fufceptibles d'une divifion fuffifante pour s'évaporer, fe trouvent dans l'état où elles doivent être pour pouvoir être élevées en l'air comme nous l'avons expliqué dans le Paragraphe 21.

5°· Puifque l'expérience nous aprend, que le feu paffe des Corps où il eft en grande quantité dans les Corps contigus, qui n'ont pas à beaucoup près tant de Molécules ignées, il paffera également de ces Corps, dont il aura fuffifamment divifé les parties dans l'air contigu, qui a beaucoup moins de chaleur que ces Corps.

6°· Puifque donc ce même feu qui fait effort pour paffer en l'air, eft en cohéfion avec les Molécules des Corps qui font d'une extrême petiteffe & féparées, ces Molécules acquerront auffi, par l'effort du feu une direction vers l'air.

4°· *Hâc feparatione partium per ignem corpora dividuntur in particulas minores, eorum igitur corporum, quæ fufficienter, pro ratione gravitatis fuæ, dividi queunt, partes eam obtinent conditionem, quam habere debent, ut in aërem elevari queant, (Parag. 21.)*

5°· *Ignis, cùm ex omni corpore, in quo abundanter hæret, tranfeat in ea corpora contigua, quæ tantam particularum ignearum quantitatem haud poffident, (per experientiam) tranfibit quoque ex iis corporibus, quorum partes per ignem decenter funt divifæ, in aërem contiguum, his corporibus minùs calidum.*

6°· *Cùm igitur idem ignis, qui in aërem tranfire conatur, cohæreat cum particulis corporum minimis & feparatis, hæ quoque ifto ignis conatu, tendentiam aërem versùs obtinebunt.*

Probabile hinc est., hâc ten-
dentiâ particulas corporum
minimas , & ab aliis sepa-
ratas , in aërem simul tran-
sire posse.

A) Quià ipsæ particulæ
minimæ , minimum quoque
habent pondus , &

B) Nonnisi infinitè par-
vam cum reliquis particulis
cohæsionem ; ergò infinitè
quoque parva erit resistentia,
tendentiæ versùs aërem con-
traria.

§. *Actu verò partes corporeas ,*
easque satis magnas & gra-
ves , ob hanc ignis tam cum
aëre quàm cum particula com-
movenda cohæsionem , in
aërem transire , ex vulgari
isto Fabrorum ferrariorum
phænomenon concludo, quo vi-
demus particulas ferri can-
dentes satis magnas , magnâ
celeritate , quâquà versùs , à
ferro candente recedere, quàm
primùm ferrum ex carbonibus
candentibus in aërem defer-

Il est donc probable que ces Molécules très déliées & séparées des
autres, peuvent à la faveur de cette direction, passer dans l'air avec
le feu.

A) Parce que le poids de ces
Molécules très petites est très
petit, &

B) Que n'ayant qu'une cohésion infiniment petite avec les autres Molécules, elles ne peuvent
opposer à la direction vers l'air,
qu'une résistance infiniment
petite.

§. XXXIV.

Voici un Phénoméne qui se
présente chaque jour dans les bou-
tiques des Forgerons , & duquel
je conclus que la cohésion du feu
tant avec l'air qu'avec la Molécule qui doit être mise en mouvement , suffit pour faire passer actuellement dans l'air des parties
corporelles considerables par leur
grandeur & par leur poids : Nous
voyons des Molécules de Fer assés
grandes rougies au feu , se détacher du Fer , & se disperser de
tous côtés avec beaucoup de vi-

teſſe, à l'inſtant que le fer eſt tranſporté de la forge dans un air libre, ce qui s'apelle en Allemand, *Sefevrifan*; au contraire ces Molécules embraſées ne ſe détachent ni ne s'éparpillent jamais, tandis que le fer reſte dans la force parmi les charbons ardens. Il eſt évident que ce Phénoméne eſt produit par le concours du feu & de l'air, parce qu'il n'arrive pas à moins que le fer n'ait reçû un degré convenable de chaleur, & que lorſqu'il eſt parvenu à ce degré, il ne ſoit porté dans un air froid. Si donc je démontre que ce Phénoméne n'eſt produit ni par le poids & le mouvement de l'air extérieur, ni par le reſſort de l'air adhérant au fer, il ſuit néceſſairement que la cohéſion du feu, tant avec l'air qu'avec le fer, (comme il a été dit dans le Paragraphe 32. nombre 5. & 6.) en eſt la véritable cauſe.

tur liberum, id quod noſtro idiomate Sefevrifan *vocant; contrà verò hanc particularum candentium fugam non fieri, quouſque ferrum intrà carbones hæret candentes. Hujus enim phænomeni rationem in aëre & igne ſimul hærere ex eo patet, quià ferrum, niſi ſit decenti gradu candens, &, niſi ſub hoc incandeſcentiæ gradu in aërem deferatur frigidum, hoc phænomenon haud exhibet. Si igitur demonſtravero pondere & motu aëris externi, itemque elatere aëris in ferro hærentis hoc phænomenon non produci, ut ex cohæſione ignis, tam cum aëre quàm cum ferro, (Parag. 32. n°. 5. & 6.) oriatur neceſſe eſt.*

§. XXXV.

Ce qui fait voir que ces étincelles ne ſont pas miſes en mouvement par le poids de l'air, ſelon les loix de l'Hydroſtatique, c'eſt que le poids des fluides

Pondere aëris, ſecundùm Leges hydroſtaticas, has ſcintillas haud moveri, ex eo patet, quià pondere fluidorum,

A) *Non*

A) *Non nisi corpora flui-*
do specificè leviora,

A) n'éléve que les Corps spe-
cifiquement plus légers que le
fluide, &

B) *In linea verticali ele-*
vantur; hæ verò scintillæ
ipso aëre aliquot millies sunt
specificè graviores, & qua-
quà versus à ferro recedunt.

B) Qui les éléve en ligne ver-
ticale; au lieu que ces étincelles
sont quelques milliers de fois plus
pesantes que l'air; & qu'elles s'é-
parpillent de toutes parts en se dé-
tachant du fer.

§. XXXVI.

Ex eodem scintillarum
motu versùs omnes plagas se-
quitur quoque, has scintillas
aëris exterioris motu haud
propelli: Alia enim causa mo-
tûs aëris in hoc phænomeno
haud adest, quàm calor fer-
ri, quo aër vicinus ambiens
expanditur, & non nisi sur-
sum movetur; (Parag. 31.
n°. 2.) ergò etiam scintillas
non nisi sursum pellere pos-
set, id quod verò est contrà
experientiam.

Le mouvement de ces étincelles
vers tous les côtés, fournit une
nouvelle preuve qu'elles ne sont
pas poussées par le mouvement de
l'air extérieur. En effet on ne peut
dans ce Phénoméne assigner d'autre cause du mouvement de l'air,
que la chaleur du fer, laquelle dilate l'air voisin environnant, & ne
le fait mouvoir qu'en haut, (comme il est prouvé Paragraphe 31.
nomb. 2.) Par conséquent l'air ne
pourroit pousser que vers le haut
les étincelles, ce qui est contraire
à l'experience.

§. XXXVII.

Nec unicè ab elatere aëris,
intrà ferri particulas hære-
tis, per ignem aucto, hunc

Le mouvement par lequel ces
étincelles s'écartent du fer, ne
peut pas être attribué uniquement

F

au reſſort de l'air adhérant aux Molécules du fer, après que ce reſſort a été augmenté par le feu ; parce que tandis que le fer eſt parmi les charbons, ſi le reſſort de l'air n'eſt pas plus grand, du moins il ne peut pas être moindre que lorſque le fer eſt tranſporté à l'air froid ; c'eſt pourquoi la cauſe à laquelle on attribuë ce Phénoméne n'étant pas moins puiſſante lorſque le fer eſt dans les charbons allumés, que lorſqu'il en eſt tranſporté ailleurs, le même Phénoméne devroit paroître dans l'un & dans l'autre cas ; ce qui eſt également contraire à l'expérience, comme il a été dit au paragraphe 24. On ne peut pourtant pas nier que la force de ce reſſort ne contribuë beaucoup à écarter ces étincelles, & que leur direction vers tous les côtés ne puiſſe également ſe déduire de la même cauſe, ſuivant ce qui a été avancé Paragraphe 32. nombre 3.

ſcintillarum receſſum derivare licet, quià hic elater, ſi non major eſt, quòuſque ferrum intrà carbones hæret, ſaltem tunc nec minor eſſe poteſt, quàm ſi ferrum in aërem frigidum deferatur : Hinc cùm minimùm eadem hæc ſit cauſa hujus phænomeni, dùm ferrum intrà carbones candentes hæret, quàm ſi extrà eoſdem deferantur, idem quoque ut ſit phænomnon neceſſe eſt in utroque loco, id quod verò itidem eſt contrà experientiam. (§. 24.) Quàmvis negari nequeat, elateris dicti vim multùm ad hunc receſſum conferre, & directio quoque, quaquà verſus, ex hac quoque cauſa deduci queat. (§. 32. n°. 3.)

§. XXXVIII.

Après avoir mis à l'écart toutes les autres cauſes, auſquelles on

Remotis igitur omnibus reliquis cauſis, conatus iſte tan-

tùm super eis quo particulæ ferri, ex cohæsione ignis, tàm cum aëre quàm cum particulis ferri, tendunt versùs aërem; (§. 32. n°. 6.) qui extrà car-bones quidem, in aëre fri-gido, minimè verò intrà car-bones candentes, quippè in locu summè calido, locum habet. Minimè enim ignis ex corpore calido in æque ca-lidum, sed tantùm ex ma-gis calido in minùs calidum transit. (§. 32. n°. 5.).

pourroit attribuer l'effort des Mo-lécules du fer pour se disperser dans l'air, il ne reste plus que la cohésion du feu, tant avec l'air qu'avec les Molécules du feu, qui puisse en être la cause, comme nous l'avons expliqué, Paragra-phe 32. nombre 6. Cet effort n'a lieu que hors de la forge dans l'air froid, & point du tout parmi les charbons embrasez, parce que la chaleur y est au plus haut degré: car le feu ne passe pas d'un Corps chaud dans un autre Corps également ment chaud, mais il se porte vers les Corps qui ont un moindre degré de chaleur, que ceux qu'il abandonne, (Paragraphe 32. nombre 5.)

§. XXXIX.

Totum igitur phænomenen sic concipere licebit. Quò ma-gis ignis penetrat in corpora, tantò magis imminuitur co-hæsio particularum ferri, (§. 32. n°. 2.) & tantò magis augetur elasticitas aëris par-ticulis ferri interclusi: (ibid. n°. 3.) Ex his duabus causis, conatus quidem, etiam quò-usque ferrum intrà carbones

Voici donc de quelle maniere on pourra donner l'explication de ce Phénoméne. Plus le feu péné-tre dans le fer, plus la cohésion des Molécules du fer est diminuée (Paragraphe 32. nomb. 2.) & plus l'élasticité de l'air renfermé dans les Molécules du fer est aug-mentée (Paragraphe 32. nombre 3.) ces deux causes produisent, même pendant que le fer est adhérant aux charbons, l'effort par lequel les Molécules du fer sont preſſées de ſe détacher de la maſſe (Paragraphe 37.) cependant l'expérience nous aprend, que cet effort ne ſuffit pas pour chaſſer actuellement les parties du fer embraſé dans l'air (dans le même Paragraphe.) Auſſi-tôt que le fer, ſuffiſamment embraſé, eſt tranſporté à l'air froid, le degré de cohéſion que les Molécules du fer ont entr'elles, reſte pendant quelque tems auſſi diminué, que l'élaſticité de l'air renfermé dans lesMolécules du fer eſt augmentée par le feu ; mais par le paſſage qui ſurvient du feu dans l'air froid, comme nous avons dit Paragraphe 32. nombre 5. les Molécules du fer, qui ont acquis le plus haut degré de chaleur, reçoivent une nouvelle direction vers l'air froid, comme il a été expliqué dans le même Paragraphe, nombre 6. c'eſt pourquoi, puiſque les Molécules du fer ne ſe détachent préciſément que lorſque le feu paſſe

hæret ; adeſt, quò particulæ ferri ad ſeceſſum premuntur, (Parag. 37.) ſed, hunc conatum ad actualem partium propulſionem haud ſufficere, experientia probat. (ibid.) Quamprimùm verò ferrum, decenti gradu candens, in aërem frigidum defertur, manet, ad tempus, tam imminutus particularum ferri cohæſionis inter ſe gradus, quàm elaſticitas aëris, particulis ferri intermixti, per ignem aucta, accedit verò ignis tranſitus in aërem frigidum, (Parag. 32. n°. 5.) hinc nova tendentia quoque particularum ferri ſummè calidarum versùs aërem frigidum ; (ibid. n°. 6.) hinc, cùm tunc demum ſcintillæ à ferro ſecedant, quandò hic tranſitus ignis fit in aërem, idem hic tranſitus ignis non ſolùm inter cauſas ſeceſsûs ſcintillarum erit referendus, ſed eſt quoque reliquarum

cauſarum hujus ſeceſsûs com-
plementum.

mais encore être regardé
accompliſſement à l'action des autres.

dans l'air, ce paſſage doit non-
ſeulement être mis au nombre des
cauſes qui écartent ces étincelles,
comme la cauſe qui donne l'ac-

§. XL.

Idem phænomenon obſer-
vatur in præparatione reguli
antimonii ſimplicis; quàm
primùm enim partes regulinæ
decentem obtinuere caloris
gradum, hinc à reliquis ſunt
ſeparatæ, ſtatim ſub copioſiſ-
ſimarum ſcintillarum forma
ex mixto abeunt, cujus phæ-
nomeni ratio in majore par-
tium regulinarum, præ reli-
quis, gravitate ſpecificâ hæ-
ret : Ob hanc enim plures ig-
neæ partes regulinis quàm
reliquis adhærent; ergò regu-
linarum cohæſio cum reliquis
maximo imminuitur gradu,
(Paragr. 22. n°. 2.) & regu-
linæ, ex cohæſione ignis cum
aëre, majori, quàm reliquæ
ſcoriarum partes, conatu ver-
*sùs aërem tendunt, hinc & *
regulinæ tantùm ſub ſcintil-

Le même Phénoméne paroît
dans la préparation du Régule
d'Antimoîne ſimple ; car dès-que
les parties régulines ont acquis un
degré convenáble de chaleur, elles ſe détachent & ſortent du mixte
en copieuſe quantité, ſous la forme d'étincelles. La raiſon de ce
Phénoméne ſe prend de ce que
la peſanteur ſpécifique des parties
régulines eſt plus grande que celle
des autres parties ; c'eſt pourquoi
plus de parties ignées s'attachent
aux parties régulines qu'aux autres : Par conſéquent, la cohéſion
des parties régulines avec les autres eſt portée au plus haut degré
de diminution, & les parties régulines, par la cohéſion du feu
avec l'air, ſe portent vers l'air
avec plus d'effort que les autres
parties des ſcories : De-là vient
que les ſeules parties régulines

montent en forme d'étincelles.

larum forma afcendunt.

§. XLI.

Il faut expliquer de la même façon le Phénoméne qui fe préfente lorfqu'on remplit d'eau bouillante, ou d'urine chaude un petit vafe, par exemple un gobelet, & qu'on l'expofe fur une fenêtre à l'air libre ; car on voit monter à la hauteur de quelques doits une quantité confiderable de petites gouttes, très petites, à la vérité, mais de diverfes grandeurs. On obferve une femblable élévation, fi on verfe de l'efprit acide de Sel commun, ou de Nitre, fur un Sel alcalin fixe, & plus encore fur un Sel volatil urineux, quoique la chaleur excitée par ce mélange ne foit pas toujours fenfible.

Simili modo explicandum erit phænomenon aquæ fervidæ vel urinæ calidæ, fi iifdem vas parvum, v. g. acetabulum, repleatur, & ad feneſtram aëri liberiori exponatur; infignis enim guttularum, minorum quidem, diverfæ tamen magnitudinis, copia afcendit, ad aliquot digitorum altitudinem: Et fimilis afcenfus obfervatur, fi fali alcalico fixo, maximè tamen volatili urinofo, fpiritus acidus falis communis, vel nitri affunditur, quamquàm calor indè oriundus non femper fit fenfibilis.

§. XLII.

Si donc après une aplication convenable des autres caufes dont le concours eſt néceffaire, le feu paffant dans l'air, y tranfporte avec foi des parties du fer & de l'eau, fi confidérables par leur quantité & par leur poids, à plus

Si igitur, præfentibus reliquis concaufis, tranfitu ignis in aërem, tantæ & tam graves ferri & aquæ partes fimul in aërem transferuntur, multò magis minimæ, hinc ad evaporationem fuâ

naturâ magis aptæ partes,
(Parag. 21.) eodem ignis
tranfitu, in aërem fimul abi-
re poterunt ; femper enim à
majori ad minus, fub iif-
dem conditionibus , valet
confequentia.

forte raifon les plus petites parties qui par là même font de leur nature plus propres à l'évaporation (fuivant le Paragraphe 21.) pourront paffer dans l'air avec le feu , puifque la conféquence du plus au moins eft toujours jufte , dans les mêmes circonftances.

§. XLIII.

Quæ fint aëris vires, qui-
bus in corpora agit, fuprà
Parag. 30. diƈtum eft : Jam
difpiciendum erit quâ fua-
rum virium, & quo modo,
vaporum elevationem vel
producat, vel ad eandem
concurrat. Scio quidem haud
paucos Phyficorum afcenfum
vaporum ex folo aëris deri-
vare pondere, & ob id va-
pores, tanquàm corpora aëre
fpecificè leviora, confiderare :
Aft, cùm certum fit, aquam
ratione gravitatis fpecificæ,
effe ad aërem circiter ut 922.
ad 1. hinc aquam aëre effe
multoties fpecificè graviorem,
inquirendum priùs erit, num
fieri queat, vaporem, ex a-

Il a été dit ci-deffus, Paragraphe 30. quelles font les forces par lefquelles l'air agit fur les Corps ; il faut examiner à préfent avec quelle de fes forces, & de quelle manicre, il produit l'élévation des Vapeurs ou comment il y concourt. Je fai que plufieurs Phificiens attribuent l'élévation des Vapeurs au feul poids de l'air, ce qui fait qu'ils regardent les Vapeurs comme des Corps fpécifiquement plus légers que l'air : Mais puifqu'ils eft certain que l'eau, à raifon de fa pefanteur fpécifique eft à l'air comme environ 922. à 1. & que par conféquent, elle eft plufieurs fois fpécifiquement plus pefante , il faut voir avant toutes chofes, fi la Vapeur, qui tire fon origine de l'eau, peut devenir spécifiquement plus légere que l'air.

qua oriundum, aëre fieri specificè leviorem.

§. XLIV.

Puisque les poids des Corps homogénes augmentent & diminuent en raison de leurs grandeurs, & que l'eau est sensiblement un Corps homogéne, ses parties doivent diminuer de leur poids en la même raison qu'elles diminuent de grandeur, par leur division en parties susceptibles d'évaporation ; de sorte que si pour diminuer la pesanteur spécifique d'un Corps, il est nécessaire que sa pesanteur diminue en plus grande raison que sa grandeur, il est évident que l'eau par sa dissolution de très petites parties, ne peut jamais acquerir une moindre pesanteur spécifique.

Cùm in corporibus homogeneis pondere crescant & decrescant in ratione magnitudinum, aqua verò sit corpus sensibiliter homogeneum, etiam aquæ partes in eadem ratione decrescent pondere, quâ, divisione in partes evaporabiles, decrescunt magnitudine. Cùm igitur, si gravitas specifica corporis sit imminuenda, gravitas majori gradu decrescere debeat quàm magnitudo, patet aquam, solâ resolutione in partes minimas, minorem gravitatem specificam acquirere haud posse.

§. XLV.

L'eau ne pouvant donc pas, par sa division en de très petites parties, acquerir une pesanteur spécifique moindre que la pesanteur spécifique de l'air, comme il est dit au Paragraphe 44. il faut, ou que la seule grandeur des Mo-

Si igitur aqua gravitas specifica, aëris gravitate specificâ minor fieri debeat, cum divisione in partes minimas obtineri nequeat, (Parag. 44.) ità fieri debet, ut magnitudo particularum aquea-
rum

*rum vel sola crescat, usque
dum millies circiter major
sit facta (Parag. 43.) ma-
nente eodem aquæ pondere,
vel ultrà millecuplum ut
magnitudo crescat necesse est,
si pondus, vel minimo tantùm gradu simul crescat.*

*Pro scopo nostro perinde erit,
sive quis dicat unicam aquæ
particulam tanto increscere
gradu, sive hoc incremen-
tum de aliquot aquæ particulis prædicare malit. Hoc certum est, duplici tantùm modo incrementu particularum
fieri posse, expansione nempè per aliud corpus in interio-
ra particulæ particularumve
penetrans, vel adhæsione ter-
tii cujusdam corporis ab extrà, istudque penetrans vel
adhærens corpus esse aut ignem aut aërem, quià tertium
corpus, quantùm scimus,
ad elevationem vaporum
haud concurrit. (Parag. 24.)*

lécules aqueuses augmente, leur
poids demeurant toujours le même, jusqu'à ce que cette grandeur soit devenuë environ mille
fois plus grande (Paragraphe 43.)
ou que si le poids de ces Molécules
augmente du moindre degré, leur
grandeur augmente conjointement avec le poids, plus de mille
fois autant.

Nous allons également à notre
but, soit qu'on veuille attribuer
cet accroissement excessif à une
seule Molécule d'eau, soit qu'on
le veuille communiquer à plusieurs Molécules. Ce qu'il y a de
certain est, que l'accroissement
des Molécules ne peut se faire
qu'en deux façons; savoir, par
une dilatation causée par un autre Corps, qui pénétre dans l'inté-
rieur de la Molécule ou des Molécules; ou par l'adhésion extérieure
de quelque troisiéme Corps; &
que Corps pénétrant, ou adhérant ne peut être que le feu ou l'air,
puisque nous ne connoissons point
de troisiéme Corps, qui concoure
à l'élévation des Vapeurs (§. 24.)

G.

§. XLVI.

Nous aprenons que l'air peut être poussé entre les Molécules de l'eau, au point que d'une petite goute d'eau de Savon il se forme une bulle, dont le diametre est vingt fois plus grand, & par conséquent la masse corporelle huit mille fois ; puisque nous voyons des enfans qui en se joüant, & en soufflant par le tuyau d'une paille dans de petites goutes d'eau de Savon, la dilatent jusqu'à un aussi grand volume, & même plus grand. Or nous savons par une raison intrinseque & par les effets que cette vesicule n'est pas spécifiquement plus légére que l'air. La raison intrinseque, qui prouve que cette sphére est spécifiquement plus pesante que l'air, est parce qu'elle est composée d'air & d'eau; c'est pourquoi elle sera toujours spécifiquement plus pesante que l'air sans mélange. Supofons le poids de la petite goute, avant sa dilatation, égal à 922. suivant ce qui a été dit Paragraphe 43. le poids d'une égale quantité d'air se-

Aërem inter aquæ particulas itâ pelli posse, ut guttula saponati in bullulam, quòd ad diametrum vigesies, hinc quòd ad molem corpoream, octies millies majorem, abeat, puerorum ludo discimus, qui saponati guttulas flatu oris per stipulam ad tantam immò majorem extendunt molem. Talem verò vesiculam aërem non esse specificè leviorem, à priori & à posteriori cognoscimus. A priori cognoscimus bullulam esse aëre specificè graviorem, quià ex aëre & aquâ est composita; hinc puro aëre erit specificè gravior. Sit enim pondus guttulæ antè expansionem =922.(§. 43.) erit pondus æqualis quantitatis aëris =1. Cùm bullula octies millies guttulâ major supponatur, erit quantitas aëris in cavo bullulæ hærentis & expansionem producentis =7999. ergò & pon-

dus ejufdem $=7999.$ *hinc
fumma ponderis cruſtæ a-
quææ (quæ guttulæ eſt æqualis) & aëris contenti* $=8921.$
*pondus verò aëris mole bul-
lulæ æqualis* 8000.; *ergò
bullula aëre eſt ſpecificè
gravior. A poſteriori verò ſci-
mus talem bullulam aëre eſſe
ſpecificè graviorem, quià in
aëre quieto, (qualis in con-
davi undique clauſo, & in
quo contenta omnia quieſ-
cunt ; eſſe ſolet) bullula ver-
ticaliter cadit, quàm primùm à ſtipula ſecedit: Quicquid verò in fluido quodam
ſibi relictum deſcendit, iſ-
tud eo fluido eſt ſpecificè gra-
vius.*

rà égal à 1. cette petite ſphére étant
ſupofée huit mille fois plus grande que la petite goute, la quantité de l'air arrêté dans la ſphére,
& qui en produit la dilatation, fera égale à 7999. & par conféquent
ſon poids égal à 7999. dont la to-
talité du poids de la croute aqueu-
ſe qui eſt égale à la petite goute
d'eau, & de l'air qui y eſt renfermé,
ſera égale à 8921. Or le poids de
l'air dont la maſſe eſt égale à la
ſphére n'eſt que 8000. par conféquent la ſphére eſt ſpécifiquement
plus peſante que l'air. La raiſon
à poſteriori, qui démontre que la
ſphére eſt ſpécifiquement plus peſante que l'air, eſt que dans un
air calme, tel qu'il eſt dans une
chambre bien fermée, & dans laquelle tout eſt dans un parfait re-
pos, la bulle tombe verticalement dès-qu'elle ſe détache de
la paille. Or tout ce qui étant rendu à ſon état naturel,
deſcend dans un fluide, eſt ſpécifiquement plus peſant
que ce fluide.

§. X L V I I.

*Ab igne igitur num tan-
tum incrementum molis particularum aquearum, ut hæ*

Il faut examiner préſentement ſi
le feu peut donner à la maſſe des
Molécules aqueuſes un ſi grand

G ij

accroiſſement , qu'elles deviennent ſpécifiquement plus légéres que l'air. Il eſt aiſé de concevoir que cela ne ſe peut faire que de deux façons ; en effet , ou il faut que les parties ignées pénétrent dans les parties de l'eau , de ſorte qu'en ſe dilatant par dedans , comme nous venons de le dire de l'air, elles en forment des petites bulles, ou qu'en adhérant extérieurement aux Molécules de l'eau , elles en augmentent ſi fort le volume , que le compoſé de feu & d'eau ſoit ſpécifiquement plus léger que l'air. Supoſons en même-tems , comme certain que le feu n'ait nulle peſanteur ; ſi la maſſe de l'eau ne peut d'aucune de ces façons être augmentée d'environ mille fois , il eſt certain que même par l'action du feu , elle ne peut pas devenir ſpécifiquement plus légére que l'air.

aëre fiant ſpecificè leviores aut fieri queant., diſpiciendum erit. Hoc verò non niſi duplici modo fieri poſſe. quilibet intelligit; aut enim partes igneæ penetrant inter partes aquæ , & ſic ab intrà extendendo., uti modò diximus de aëre., bullulas formant., aut ab extrà , particulis aquæ adhærendo., earum magnitudinem in tantùm augent., ut compoſitum ex igne & aquà aëre ſit ſpecificè levius. Ponamus ſimul certum eſſe ignem nullà gaudere gravitate., ſi nullo dictorum modo aquæ moles millies circiter augeri queat., etiam per ignem aqua aëre ſpecificè levior evadere nequit.

<h3 align="center">§. XLVIII.</h3>

Pour pouvoir expliquer la dilatation que le feu donne à l'eau , en formant les petites ſphéres dont nous venons de parler. Paragraphe 47. il faut conſiderer.

Pro explicandà expanſione aquæ in tales (§. 47.) bullulas per ignem , conſideranda veniunt ,

A) *Vis quæ ignem in cavum aquæ pellat,*

B) *Locus ubi hæc aquæ expansio fieri debeat, &*

C) *Num talis ab igne expansa bullula in aëre sub-sistere queat.*

A) La force qui pousse le feu dans la cavité de l'eau,

B) Le lieu ou cette dilatation de l'eau doit se faire, &

C) Si cette sphére dilatée par le feu peut se soutenir dans l'air.

§. XLIX.

Cùm ignis, qui in aquam, pro ejus in bullulas expansio-ne, penetrat, purus esse debeat, (sub flammæ enim formâ si penetraret, magis augeret pondus bullulæ, quàm si ab aëre expandere-tur, quià flamma fuliginem aëre graviorem, continet, & candens cavum bullulæ esse deberet, id quod tamen est contrà experientiam, cùm ne ipsa aqua quidem candens evadere queat,) purus verò ignis non agit in corpora, qua-tenùs ab alio corpore in motu constituto propellitur, (§. 26.) vel premitur, (§. 27.) vel quatenus est gravis, (§. 28.) sed tantum quatenùs iisdem adhæret, (§. 29.)

Le feu qui pénétre dans l'eau, pour la dilater en petites bulles, doit être pur; car s'il pénétroit sous la forme de la flamme, il augmenteroit davantage le poids de la bulle, que si l'eau étoit dila-tée par l'air; parce que la flamme renferme une suïe plus pesante que l'air; & que le creux de la bulle devroit être embrasé, ce qui est pourtant contraire à l'expérience, puisque l'eau même ne peut s'em-braser. Or nous avons vû que le feu pur n'agit sur les Corps, ni par l'impulsion d'un autre Corps mis en mouvement, (Paragra-phe 26.) ni par la pression d'un au-tre Corps (Paragraphe 27.) ni par sa propre pesanteur (Paragra-phe 28.) mais seulement par son adhésion aux Corps (Paragraphe 29.) par conféquent le feu ne peut agir fur le creux de la bulle, ni la dilater, que par adhéfion. Or les fluides qui pénétrent par adhéfion, s'infinuent à la verité dans des canaux étroits, mais ils n'en fortent pas pour paffer dans un efpace fort étendu, de forte que le feu pénétrera bien dans les interftices qui fe rencontrent ad-hérens aux Molécules de l'eau, & s'infinuera dans les pores des Mo-lécules, mais auffi-tôt que le creux de la bulle aura reçû feulement une petite augmentation; par exemple, dès-que le creux de la bulle fera dix fois plus grand que l'intervalle naturel, qui fe rencontre entre les parties de la bulle, le feu par fon adhéfion ne pénétrera pas plus avant dans le creux de la bulle; donc il ne portera pas la dilatation de la bulle à un plus haut degré; ce qui pourtant feroit néceffaire afin que la bulle devint fpécifique-ment plus légére que l'air.

etiam ignis in cavum bullu-la alio modo penetrare, eam-que extendere haud poterit, quàm ex adhæfione. Cùm igitur fluida quæ ex adhæ-fione penetrant, in canales quidem anguftos, minimè verò ex his in fpatium am-plum abeant, etiam ignis in interftitia quidem inter particulas aquæ hærentia, at-que in poros particularum a-quæ penetrabit, quàm pri-mùm verò cavum bullulæ paululùm tantùm increfcit, ità v. g. ut decies interftitio naturali inter partes aquæ majus fit, ignis ex adhæfio-ne ulteriùs in cavum bullulæ haud penetrabit; ergò bullu-lam quoque majori gradu haud expandet, id quod ta-men neceffe eft, fi hæc äëre fpecificè levior evadere de-beat. (Parag. 45.)

§. L.

En raifonnant fur un autre principe, on peut encore prouver

Ex alio quoque funda-mento probari poteft, ignem

in cava igne repleta non pe-
netrare ; cùm enim, experien-
tiâ teste, ignis ex loco calido
in æquæ vel magis calidum
nunquàm transeat, cavum
verò bullulæ tot particulis ig-
neis repletum, ut, si plures
penetrarent, expansio bullulæ
oriretur, non possit non maxi-
mo, qui ibi esse potest, gradu
esse calidum, nullæ particu-
læ igneæ ulteriùs in istud
penetrabunt ; ergò cavum at-
que bullula non fient majora.

que le feu ne pénétre pas dans les
Corps creux qui sont remplis de
feu. Car l'expérience nous ap-
prend que le feu ne passe jamais
d'un lieu chaud dans un autre,
dont la chaleur est égale ou plus
forte : Or le creux de la petite
bulle étant rempli d'une si grande quantité de parties ignées,
que s'il y en entroit un plus grand
nombre, la bulle se dilateroit ; il
est évident qu'il est dans le plus
grand degré de chaleur qui peut
s'y trouver, & que d'autres parties ignées n'y pénétreront pas
plus avant : donc le creux & la bulle ne deviendront pas
plus grands.

§. LI.

Ponamus fieri posse ut a-
quæ particulæ ab igne in tan-
tas expandantur bullulas,
quæ aëre sint specificè levio-
res, hoc sanè fieri deberet,
aut quousque particulæ aquæ
expandendæ intrà alias ad-
huc hærent particulas aqueas,
aut quandò sunt in superfi-
cie aquæ, ex qua proximus
in aërem foret ascensus. In-

Suposons comme possible, que
le feu dilate l'eau en un si grand
nombre de petites bulles, qu'elles
soient spécifiquement plus légéres
que l'air ; il faut que cette opéra-
tion s'exécute, ou pendant que les
Molécules de l'eau, qui doivent
être dilatées, adhérent aux autres
Molécules aqueuses, ou lors
qu'elles sont sur la surface de l'eau,
qui est le terme le plus prochain

de leur élévation dans l'air. Les parties de l'eau ne peuvent pas être dilatées au-dedans de l'eau jusqu'à former une bulle mille fois plus grande ; car aussi-tôt que la bulle sera parvenuë à doubler ou tripler son volume, elle montera vers la surface de l'eau, étant spécifiquement plus légére que l'eau, si la bulle pouvoit devenir mille fois plus grande sur la surface de l'eau par le moyen du feu, le même feu porteroit l'air environnant à un degré beaucoup plus grand de dilatation ; (car l'expérience nous aprend que l'air est toujours plus dilaté que l'eau, par le même degré de feu) de sorte que la légéreté spécifique de l'air qui environne la bulle étant dans un plus grand degré que la légéreté spécifique dela bulle, celle-ci ne sauroit monter dans cet air dilaté, qui seroit beaucoup plus léger.

trà aquam, aquæ partes in bullulam magnitudine millies majorem, expandi nequeunt, quàm primùm enim duplo vel triplo tantùm majorem bullula obtinuit molem, statim bullula, tanquàm specificè levior, ad superficiem ascendet aquæ : In superficie verò aquæ, si bullula millies major per ignem evadere posset, aër ambiens majori longè gradu ab eodem igne expanderetur, (semper enim aër, ab eodem ignis gradu, magis expanditur quàm aqua, experientiâ teste ;) hinc aër ambiens bullulam, majori gradu foret specificè levior quàm bullula; ergò bullula in hoc aëre expanso, tanquam longè bullulà leviori ascendere haud poterit.

§. LII.

Quand nous accorderions que les Molécules de l'eau peuvent être dilatées, jusqu'à former des bulles spécifiquement plus lé-

Concedamus particulas aquæ ab igne posse expandi in bullulas aëre naturali specificè leviores; concedamus porrò

rò ipſum aërem ambientem ab eodem igne non ſimul expandi, hinc bullulas in naturali aëre aſcendere poſſe, vix tamen ad momentum bullula in hoc ſtatu expanſo ſubſiſtere poterit; ignis enim, cùm ex omni corpore in quo abundanter haret, in contiguum minùs calidum corpus tranſeat, aër verò ambiens fit bullulæ contiguus, & eâdem minùs calidus (ſupponitur enim naturalis & non expanſus) ex bullulæ cavo in aërem contiguum conſtanter tranſibit; imminuitur ergò omi momento cauſa expanſionis bullula; ergò ipſa bullulæ magnitudo, hinc conſtanter creſcit bullulæ gravitas ſpecifica; ergò ſi in initio quoque aſcenderet, poſt pauca tamen momenta deſcendere rursùs deberet.

géres que l'air; quand nous accorderions encore que l'air environnant ne ſeroit point dilaté par le même feu, & que par conſéquent ces bulles pourroient monter dans l'air naturel; ces bulles ſe ſoutiendroient à peine un moment dans cet état de dilatation; parce que le feu paſſe de chaque corps, dans lequel il eſt abondamment épris, dans un Corps contigu moins chaud, & que l'air environnant eſt contigu à la bulle & qu'il n'a pas autant de chaleur qu'elle (puiſque l'on ſupoſe de l'air naturel, & non pas de l'air dilaté) le feu paſſera donc continuellement du creux de la bulle dans l'air contigu; la cauſe de la dilatation de la bulle eſt donc diminuée à chaque moment, conſéquemment la grandeur de la bulle ſouffre de la diminution en même-tems; donc la peſanteur ſpécifique de la bulle augmente continuellement donc à ſupoſer que la bulle montât au commencement, elle ne tardéroit que peu de momens à deſcendre.

H

§ LIII.

Il réfulte donc que felon les loix de l'Hidroftatique, l'eau ne peut pas être élevée par l'air, fous la forme de petites bulles dilatées par le feu, & spécifiquement plus légerés que l'air, (comme nous l'avons fait voir dans les Paragraphes 47. & fuivans jufques à 52.)

Aqua ergò, fub forma bullularum ab igne expanfarum & aëre fpecificè leviorum, ab aëre, fecundùm leges hydroftaticas, elevari nequit. (Parag. 47. ad 52.)

§ LIV.

On peut aifément prouver l'adhéfion des Molécules ignées aux parties de l'eau, dont la maffe eft augmentée par cette adhéfion, de ce que près du feu l'eau s'échauffe & conferve affez long-tems fa chaleur, & de ce que l'eau échauffée occupe plus d'efpace que l'eau froide. Mais on ne peut pas avancer, qu'un affez grand nombre de Molécules ignées puiffe s'attacher à une feule Molécule d'eau, pour rendre le volume du compofé mille fois plus grand que la Molécule de l'eau, parce que cette propofition répugne aux loix connuës du paffage du feu d'un Corps dans un autre. En effet

Igneas particulas aquæ partibus adhærere, & fic harum augere magnitudinem, ex eo, quòd aqua ad ignem calefit, calorem fuum fat diù confervat, & aqua calida præ frigida majus occupat fpatium, facilè probatur. Tot verò igneas uni adhærere poffe aquæ particulæ, ut moles compofiti millies major fit aquæ particulâ, affirmari nequit; pugnat enim cum legibus cognitis tranfitûs ignis ex uno corpore in aliud. Particulæ enim igneæ, cùm minores longè fint quàm aquæ particulæ, hanc millies mole augere nequeunt, nisi plurimæ harum ignearum aqueam ambientium, se inter se tantùm contingant, id est abundanter circà particulam aqueam hæreant, omnes igitur hæ abundantes igneæ, quæ aqueam non tangunt, transibunt in aërem contiguum: Ergò circà particulam aquæ ne ad momentum quidem collectæ subsistere possunt. Decrescente igitur sic mole compositi ex aqua & igne, crescit ejus gravitas specifica; ergò compositum aëre specificè levius permanere nequit. Ne dicam nullam apparere rationem, quæ tantam particularum ignearum, circà unam aqueam, collectionem probabilem redderet.

les Molécules ignées étant de beaucoup plus petites que celles de l'eau, elles ne peuvent augmenter mille fois le volume de l'eau, à moins qu'un grand nombre de ces parties ignées qui environnent les Molécules de l'eau, ne soient placées de façon qu'elles n'adhérent ensemble que dans le point du contact, c'est-à-dire, qu'elles ne soient adhérentes ensemble en copieuse quantité autour de la Molécule d'eau ; donc cette copieuse quantité de Molécules ignées qui ne touchent pas la Molécule aqueuse passera dans l'air contigu ; donc elles ne peuvent pas rester un seul moment rassemblées autour de la Molécule d'eau, ni par conséquent en augmenter la grandeur ; donc la pesanteur spécifique de ce composé d'eau & de feu, est augmentée par la diminution de son volume ; donc le composé ne peut persister dans une plus grande légéreté spécifique que celle de l'air. On peut ajouter qu'il n'y a nulle raison apparente, qui puisse rendre probable un assemblage si considerable de Molécules ignées autour d'une seule Molécule aqueuse.

H ij

§. LV.

Nous avons prouvé que les Molécules de l'eau ne peuvent, ni par l'action de l'air (Paragraphe 46.) ni par celle du feu (Paragraphe 53. & 54.) acquerir une légéreté spécifique moindre que celle de l'air ; il suit donc qu'elles ne peuvent pas être élevées par le poids de l'air, comme elles le seroient dans un fluide plus pesant qu'elles.

Cùm igitur particulæ aquæ nec per aërem (Parag. 46.) nec per ignem, (Parag. 53. & 54.) aëre specificè leviores fieri queant, etiam per pondus aëris, tanquàm à fluido graviore elevari nequeunt.

§. LVI.

Nous avons fait voir (Paragraphe 37.) que le ressort de l'air, en tant que celui-ci se trouve adhérant entre les Molécules qui doivent s'évaporer, & que son ressort augmente par la chaleur, est une des causes de l'évaporation : Il ne doit pourtant être mis au nombre que des causes foibles & momentanées , parce qu'elle cesse du moment que la Vapeur a passé dans l'air. Or si la Vapeur est adhérente à l'air, par cette seule raison l'air environnant, en tant qu'il agit immédiatement sur la Molécule vapo-

Elaterem aëris , quatenùs hic particulis evaporandis intermixtus est , & iste calore major evadit, esse evaporationis concausam, Paragrapho 37. ostendimus , inter breves tamen , immò interdùm momentaneas tantùm evaporationis causas referri debet, quià hæc causa cessat, quàm primùm vapor in aërem transiit. In ipso verò aëre si hæret vapor, aër ambiens , quatenùs immediatè agit in particulam vaporosam, vel ob id tantùm elatere suo ad elevationem vaporis proximè nihil confert, quià ab omni plaga æqualiter in vaporem agit ; remotam verò esse eum evaporationis causam dein (§. 72. dicemus.)

§.

Si ponamus particulam evaporabilem corpori isto, ex quo abire conetur, adhuc contiguam, in inferiore sua superficie igneis cinctam esse particulis, à parte superiore verò contingi ab aëre, tam ignis quàm aër, tanquàm fluida leviora, adhærebunt eidem ; ergò in eandem agent, inæqualiter tamen, majori nempè vi aër, minori ignis, ob gravitatem specificam horum fluidorum diversam. Inæqualiter igitur reaget particula evaporabilis versùs plagas oppositas, magis nempè versùs superiora quàm inferiora. A tali verò inæquali corporum versùs

reuse, ne contribuë nullement par son ressort, comme cause prochaine à l'élévation de la Vapeur, parce qu'il agit également de tous côtés sur la Vapeur. Nous ferons voir dans le Paragraphe 72. que le ressort de l'air est une cause éloignée de l'évaporation.

§. LVII.

Si nous suposons que la Molécule susceptible d'évaporation, tandis qu'elle est encore contiguë au Corps dont elle s'éforce de s'écarter, est environnée dans sa surface inférieure de particules ignées, & par sa partie supérieure contigüe à l'air ; dans cette supposition, le feu & l'air étant des fluides plus légers que la Molécule, lui adhèreront également, donc ils agiront sur elle : cependant ils n'agiront pas également, mais l'air agira avec plus de force que le feu, à cause de la différence qui se trouve entre la pesanteur de ces deux fluides. Par conséquent la Molécule susceptible d'évaporation tendra vers les deux parties oposées par une réaction inégale, c'est-à-dire, avec plus de force vers le haut que vers le bas. Il est évident par la doctrine généralement reçuë touchant la cause du mouvement, que l'inégalité de tendance des Corps vers les parties opposées, excite & détermine le mouvement vers la partie, vers laquelle la direction de cette tendance est plus forte. On peut encore prouver plus particuliérement que la cohésion inégale & oposée de deux fluides avec un troisiéme Corps produit un mouvement vers la partie dans laquelle l'adhésion est plus grande, par le phénoméne suivant. Qu'on remplisse d'eau, enforte qu'il n'en soit pas exactement plein, un vase qui est adhérant à l'eau, & par conséquent dans lequel la surface de l'eau contenuë est concave vers le bord, c'est-à-dire, plus haute que dans le milieu ; qu'on place sur l'eau une petite boule de bois, ou de quelque autre matiere, pourvû qu'elle surnage, & que l'eau soit adhérente à la petite boule, oc

plagas oppositas tendentiâ, oriri motum versùs eam plagam versùs quam maxima directa est tendentia, non solùm ex generali doctrina de causa motûs patet, sed & speciatim ex inæquali & opposita fluidorum cum eodem tertio corpore cohæsione, oriri motum versùs eam plagam, in qua maxima est adhæsio, sequens probat phænomenon. Vas quoddam, cui aqua adhæret, hinc in quo aquæ superficies est circà marginem concava, adeòque altior quàm in medio, repleatur aquâ, non tamen plenariè : Aquæ imponatur globulus ligneus, vel alius quicumque, modò aquæ innatet, & hæc globulo adhæreat, id quod fit, si aqua globulum humectet. Aqua sic ab omni quidem parte ex adhæsione aget in globulum, non verò ubivis æqualiter, quià aqua circà parietes vasis est elevata er-

ergò ea superficies globuli, quæ parietibus vasis est proxima, & ultrà digitum ab iisdem haud abest, profundius hæret in aqua quàm opposita; ergò major aquæ quantitas adhæret globulo, in eadem ista parietibus vicinâ superficie quàm in oppositâ; major igitur quoque est actio aquæ ex cohæsione in superficiem globuli parietibus vicinam quàm in oppositam; si igitur centrum globuli à parietibus vasis ultrà digitum haud absit, movebitur globulus, motu accelerato, versùs parietes vasis.

qui arrivera si la petite boule en est humectée; de cette façon, l'eau agira de toutes parts sur la petite boule, mais elle n'agira pas également, parce que l'eau est élevée autour des parois du vase, donc la surface de la petite boule, qui est la plus près des parois du vase, & qui n'en est éloignée que de la distance d'un travers de doigt, est plus enfoncée dans l'eau que la surface opposée; donc une plus grande quantité d'eau est adhérente à la petite boule dans la surface voisine des parois du vase que dans la surface opposée; donc l'action qui procéde de la cohésion de l'eau, est plus grande contre la surface de la petite boule, voisine des parois du vase, que contre la surface opposée; par conséquent si le centre de la petite boule n'est éloigné des parois du vase que de la distance d'un travers de doigt, la petite boule sera portée vers les parois du vase par un mouvement accéléré.

§. LVIII.

Fieri verò hunc globuli motum non tam versùs parietes vasis, quàm versùs eum locum, ubi aqua est

On peut connoître que ce mouvement de la petite boule n'a pas tant sa direction vers les parois du vase, que vers le lieu où l'eau eſt plus élevée, & conſé-quemment, où l'action de l'eau, provenante de ſa cohéſion eſt très-grande ; de ce que la même boule s'éloigne toujours du parois du vaſe, ſi on remplit d'eau le vaſe, de telle ſorte que l'eau ſurmonte les bords du vaſe, & que par conſéquent elle ſoit moins haute aux environs des parois du vaſe que dans le milieu ; ce qui prouve que dans le premier cas, la petite boule ne ſe porte vers les parois du vaſe, que parce que l'eau y eſt plus élevée ; conſé-quemment on ne peut pas dire, que la petite boule eſt attirée par les parois du vaſe.

magis elevata ; hinc ubi a-quæ actio ex adhæſione in globulum eſt maxima, ex eo cognoſcitur, quià in eo-dem vaſe, idem globulus ſemper à parietibus recedit, modò vas tantùm aquâ re-pleatur, ut ultrà oras vaſis promineat, hinc circà parietes ſit minùs alta quàm versùs medium vitri. In priori igi-tur caſu ideò tantùm move-tur versùs parietes, quià ibi aqua eſt magis alta : Hinc nec dici poteſt, globulum tra-hi à parietibus.

§. LIX.

On peut auſſi concevoir que le mouvement de la petite boule provient de ſa cohéſion avec l'eau, en partie de ce que les autres cau-ſes auſquelles on pourroit l'at-tribuer n'ont pas lieu, comme il a été dit au Paragraphe 25. puiſqu'il n'y a pas de force ex-térieure, & que le mouvement de la petite boule ne peut être

Ex cohæſione verò aquæ cum globulo hunc globuli motum eſſe derivandum, partim ex eo cognoſcitur, quià omnes reliquæ cauſæ (§. 25.) lo-cum non habent, (vis enim externa abeſt, & ex gravi-tate globuli vel ideò tantùm motus ejuſdem deduci ne-quit, quià globulus in hoc phæno-

*phænomeno semper afcendit)
partim quià, fi aqua cum
globulo non cohæreat, totum
phænomenon quafi inverti-
tur, & globulus eò tantùm
abit, quò ex pondere abire
debeat; nempè, in vafe non
plenariè repleto, versùs medium vafis; in vafe verò
ultrà oras repleto, versùs parietes. Facilè verò efficitur
aquam globulo non adhærere
modò globulus febo obduca-
tur, & dein fulphure Ly-
copodii confpergatur.*

attribué à fa propre pefanteur,
puifque dans ce Phénoméne, la
petite boule monte toujours ; en
partie de ce que fi l'eau n'eft pas
adhérente à la boule, tout le
Phénoméne arrive d'une maniere
contraire & la boule va feulement
dans l'endroit où fon poids la
doit déterminer ; favoir dans un
vafe qui n'eft pas exactement rempli ; vers le milieu du vafe : & vers
les parois du vafe, lorfqu'il eft rempli pardeffus les bords. Il eft facile
d'empêcher que l'eau ne foit adhérente à la petite boule ; il ne
faut pour cela, qu'enduire de fuif
la petite boule, & enfuite l'arrofer avec du fouffre de
Lycopodium, ou mouffe terreftre.

§. LX.

*Cùm igitur ex hoc phæno-
meno (§. 57.) certum fit, corpus, cui fluidum, in fuperficiei partibus oppofitis inæqualiter adhæret, moveri
versùs eam plagam, in qua
maxima fit adhæfio, tantò
minùs dubitare licet, etiam
vaporem hunc in aërem af-
cendere, quandò eidem in-*

Puifqu'il eft donc certain par
ce Phénoméne raporté dans le
Paragraphe 57. qu'un Corps au-
quel un fluide adhére inégale-
ment dans les parties opofées de
fa furface, fe meut vers la partie
où l'adhéfion du fluide eft plus
grande, il eft encore moins permis de douter que la vapeur monte dans l'air, lorfqu'elle fe trouve

I

en cohésion avec le feu par sa sur-face inférieure, & avec l'air par la supérieure ; parce qu'à cause de la disproportion considerable qui est entre les pesanteurs res-pectives du feu & de l'air, il y a aussi une plus grande inégalité entre les mouvemens oposés qui peuvent être excités dans la Va-peur par la cohésion du feu & de l'air, qu'entre ceux qui sont excités dans la petite boule en-question, sur les parties oposées de laquelle c'est toujours le même fluide qui agit par ad-hésion, sans autre différence que celle de la quantité.

ferius ignis, superius verò aër adhæret, quià, ob in-signem inter ignis & aëris gravitates specificas differen-tiam, major quoque est inæ-qualitas actionum oppositā-rum, ex cohæsione ignis & aëris in vapore oriundarum, quàm in globulo, cui in pla-gis oppositis idem fluidum, quantitate tantùm diver-sum adhæret.

§. LXI.

L'expérience journaliere nous aprend, que l'air agissant sur les Corps par son mouvement, peut les émouvoir, & les élever, quoi qu'ils soient d'une masse conside-rable, & plus pesans que l'air de quelques milliers, par leur pesanteur spécifique ; même des Corps dont la pesanteur abso-luë excéde d'un million celle des Vapeurs : C'est ainsi que sont é-levées, la poudre de la terre, les bulles de savon, les pe-

Aërem cum motu in cor-pora agentem hæcce commove-re & elevare, quamquàm notabilem hæc habeant mag-nitudinem, & non solùm ipso aëre sint aliquot millies specificè graviora, atque pon-dus eorum absolutum millies millies vaporis pondere sit majus, experientia quotidia-na loquitur: Elevantur enim hoc modo pulvis terræ, bul-lulæ ex saponato, globuli chartacei ex tribus circulis chartaceis se se cruciatim decussantibus conflati, aliaque corpora satis crassa. Unde manifestè sequitur, eodem aëris in motu constituti impetu, à quacumque causa oriundo, subtilissimas corporum particulas, id est vapores, ab aliis separari, in aërem propelli, & in eodem elevari posse. Nec mirum aërem commotum elevare, quæ ab aëris pressione ex pondere elevari nequeunt, impetus enim corporis in motu constituti semper major est impetu corporis quiescentis, quamquàm massæ & celeritates in utroque casu sint eædem.

tites boules de papier, composées de trois cercles de papier traversés en forme de croix, & d'autres Corps assez grossiers ; ce qui fait voir évidemment que les Vapeurs, qui sont des Molécules des Corps très deliées, peuvent être séparées des autres parties, poussées en l'air, & élevées par l'effort qu'il fait lorsqu'il est mis en mouvement, quelle que soit la cause qui produise cet effort. Il ne faut donc pas s'étonner si l'air mis en mouvement éléve des Corps qui ne peuvent pas être elevés par la pression qu'ils reçoivent du poids de l'air, puisque l'effort d'un Corps mis en mouvement est toujours plus grand que celui d'un Corps en repos, quoique les masses & les vitesses soient les mêmes dans l'un & dans l'autre cas.

§. LXII.

Ex hactenùs dictis patet causas, primum transitum vaporum in aërem producentes, esse

Tout ce que nous avons dit jusqu'à présent démontre, que les causes qui produisent le premier passage des Vapeurs dans l'air font

1°. Les Molécules mêmes des Corps.

A) En tant qu'elles font fuffi-famment petites, & détachées des autres Corps plus pefans, comme nous l'avons fait voir depuis le Paragraphe 7. jufqu'au 14.

B) Ou fi cela ne fe peut faire entant qu'elles font en cohéfion avec d'autre Corps fpécifique-ment plus légers, fuivant le Paragraphe 15. jufqu'au 17.

2°. Le feu, ce qu'il faut entendre,

A) Entant qu'il divife les Corps en petites parties, dont il diminuë confiderablement la cohéfion avec les autres parties, comme il a été dit Paragraphe 33. nombre 1 jufques à 4.

B) Entant qu'il eft en cohéfion, tant avec les Molécules féparées qu'avec l'air, & que par cette derniere cohéfion il paffe dans l'air, comme on peut voir Paragraphe 33. nombre 5. & 6. & Paragraphe 33. jufqu'au 42.

3°. L'air, ce qui fe doit entendre,

1°. *Ipfas corporum particulas,*

A) *Quatenùs fufficienti gradu funt exiguæ, & ab aliis corporibus gravioribus feparatæ (§. 7. ad 14.)*

B) *Quatenùs, fi hoc fieri nequeat, alia corpora fpecificè leviora ipfis cohærent (§. 15. ad 17.)*

2°. *Ignem & quidem,*

A) *Quatenùs dividit corpora in partes minutas, & cohæfionem cum aliis infigniter minuit, (§. 33. n°. 1. ad 4.)*

B) *Quatenùs ipfe tam cum particulis divifis quàm cum aëre cohæret, & ex hac ultima cohæfione in aërem tranfit. (§. 33. n°. 5. & 6. & §. 33. ad §. 42.)*

3°. *Aërem & quidem,*

A) *Quatenùs inter parti-*
culas evaporandas hæret,
easdemque, elatere suo per
calorem aucto, partim divi-
dit, partim in aërem projicit.
(S. 37. & 56.)

A) Entant qu'il eſt arrêté entre les Molécules qui ſe doivent
évaporer, & que par ſon reſſort,
qui eſt augmenté par la chaleur,
il les écarte en partie, & en partie il les fait paſſer dans l'air,
(Paragraphes 37. & 56.)

B) *Quatenùs vapori ad-*
hæret, (Parag. 57. ad 60.)

B) Entant qu'il eſt adhérant
à la Vapeur (Paragraphe 57. juſ-
qu'à 60.

C) *Quatenùs, tanquàm*
corpus in motu conſtitutum,
vapores ſeparat, propellit &
elevat. (Parag. 61.)

C) Entant que par ſa qualité
de Corps mis en mouvement il
ſépare, pouſſe, & éléve les Vapeurs, comme il a été dit au Paragraphe 61.

S. LXIII.

Quælibet harum cauſa-
rum per ſe conſiderata gradu
variare poteſt. Sic

Il n'eſt aucune de ces cauſes
conſiderée en elle-même, qui ne
puiſſe varier dans le degré de ſon
action. C'eſt ainſi que

1°. *Non omnia corpora vi-*
ribus naturalibus dividenti-
bus, (Parag. 22.) quocum-
que gradu hæ applicentur, in
partes æquè ſubtiles & æquè
leves, hinc in æquè evapora-
biles dividi queunt, nec

1°. Tous les Corps ne peuvent
pas être diviſés en des parties é-
galement déliées & légéres par
les forces naturelles qui contribuent à cette diviſion, en quelque degré que ces forces ſoient
apliquées (Paragraphe 22.) ni
par conſéquent en parties auſſi
ſuſceptibles d'évaporation.

2°. Les Corps qui peuvent être suffisamment divisez ne le font pas toujours jusqu'au degré possible, ou parce que toutes les forces qui contribuent à leur division ne leur sont pas apliquées, ou parce qu'elles ne sont pas portées à un degré d'action convenable.

3°. L'action même du feu sur les Corps peut être dans un différent degré, selon qu'il leur est apliqué mis en mouvement, ou sans mouvement ; comme aussi le même degré de feu apliqué de la même façon, agira différemment sur divers Corps.

4°. Les Corps spécifiquement plus pesans reçoivent toujours un plus grand degré de chaleur, que ceux qui ont moins de pesanteur spécifique.

5°. Du même Corps, porté au même degré de chaleur, le feu passera dans l'air avec moins de facilité, & en moindre quantité à proportion que l'air environnant sera froid dans un moindre degré.

2°. *Ista, quæ satis dividi possunt, non semper ad eum dividuntur gradum ad quem dividi possent; quià vires dividentes vel non omnes, vel non decenti adhibentur gradu.*

3°. *Ignis quoque diverso gradu corporibus applicari potest, idque vel cum vel sine motu ; &, si idem ignis gradus, eodem modo, diversis applicetur corporibus,*

4°. *Specificè magis gravia semper majori calefiunt gradu, quàm specificè minùs gravia.*

5°. *Ex eodem quoque corpore, eodem gradu calido, tantò minor erit transitus ignis in aërem, quantò minor aëris ambientis est frigoris gradus.*

6°· *Aër quoque calidus externus, tàm quatenus eſt expanſus, quàm ob igneas interpoſitas, vapores in paucioribus contingit punctis, hinc minùs quoque cum vaporibus cohæret, quàm frigidus :*

7°· *Pro diverſo quoque caloris gradu, qui corpori applicatur, & quem corpora acquirere poſſunt, variat elater aëris in ipſis corporibus hærens :*

8°· *Impetum denique aëris in motu conſtituti diverſis temporibus diverſum eſſe, in vulgus notum eſt.*

Hinc non ſolùm generatim ratio diverſa, ratione quantitatis, evaporationis corporum dari poteſt, ſed & ſpeciatim intelligitur, quarè

1°· *Aurum, argentum, & ſalia fixa planè non ſint*

6°· L'air extérieur qui eſt chaud, ſoit à cauſe de ſa dilatation, ſoit à cauſe des particules ignées dont il eſt impregné, touche les Vapeurs en moins de points que lorſqu'il eſt froid, & par conſéquent il a moins de cohéſion avec les mêmes Vapeurs.

7°· Le reſſort de l'air renfermé dans les Corps varie ſuivant le divers degré de chaleur qu'on aplique aux Corps, comme auſſi ſuivant le divers degré de chaleur dont les Corps ſont ſuſceptibles.

8°· Enfin perſonne n'ignore que l'effort de l'air mis en mouvement, varie ſuivant la diverſité des tems.

§. LXIV.

Les remarques que nous venons de faire font non-ſeulement apercevoir en général la raiſon de diverſité de l'évaporation des Corps, à raiſon de ſa quantité, mais elles font connoître en détail pourquoi

1°· L'Or, l'Argent, & les ſels fixes ne ſont point du tout ſuſceptibles d'évaporation, & pourquoi il ne s'évapore que fort peu des autres métaux non plus que des Pierres : cependant nous ne savons que par les effets, quels Corps ne sont point du tout, & quels ne sont que très peu susceptibles d'évaporation.

2°. Pourquoi le sel Ammoniac, le Mercure, & divers autres Corps ne peuvent absolument pas être réduits en Vapeurs par une chaleur modérée ; comme aussi pourquoi le sel Ammoniac n'est point changé en sel volatil, si lorsqu'il est chaud & sec il est mêlé avec du sel de Tartre sec & chaud, à moins qu'on n'employe un plus grand degré de feu, ou que l'on ne fasse intervenir quelque Corps humide, même sans que le degré de chaleur soit sensible. On en trouve la raison au Paragraphe 63. nombre 2.

3°. Pourquoi l'eau s'évapore beaucoup moins lorsqu'elle est froide que lorsqu'elle est chaude, & celle-ci moins que lorsqu'elle est bouillante ; pourquoi l'huile & le suif ne s'enflamment pas à moins

evaporabilia, de reliquis verò metallis atque lapidibus parùm tantùm evaporari queat, (Parag. 63. n°. 1.) quamquàm non nisi à posteriori sciamus, quæ corpora planè non, & quæ parùm admodùm evaporari queant.

2°. Sal ammoniacum & mercurius aliaque corpora in leni calore planè non mutentur in vapores, itemque sal ammoniacum non mutetur in sal volatile, si calidum & siccum, sali tartari sicco & calido misceatur, nisi major ignis adhibeatur gradus, vel etiam sub haud sensibili caloris gradu, humidum accedat : (Paragr. 63. n°. 2.)

3°. Aqua frigida minùs longè evaporet quàm calida, & hæc minùs quàm ebulliens ; oleum & sebum in flammam non mutentur, nisi sint calida ; ferrum candens

dens scintillas haud dimittat, nisi in carbonibus candentibus folle agitatis haserit; (*Parag. 63. n°. 3. 4. & 6.*)

4°. *Major sit evaporatio in igne rotæ vel reverberii, quàm in igne arenæ, & major in igne arenæ quàm in balneo Mariæ, & major in hoc quàm im balneo vaporum; itémque quarè sal commune & nitrum non dimittant spiritum acidum, nisi vel bolus vel oleum vitrioli accedant. (*Parag. 63. n°. 2. 4. & 7.*)*

5°. *Flumina tempore nocturno, quo nempè aër est frigidior, vel etiam tunc, quandò eorum aqua in glaciem est abitura, tantam quantitatem vaporum in aërem dimittant, ut fumantia quasi appareant. (*Parag. 63. n°. 5.*)*

6°. *In retortis & cucurbi-*

qu'ils ne soient chauds; pourquoi le fer embrasé ne jette pas des étincelles, s'il n'a pas demeuré entre des charbons ardens agités par un soufflet, ce qui se déduit du même Paragraphe 63. nombre 3. 4. & 6.

4°. Pourquoi l'évaporation est plus grande au feu de roüe ou de reverbere qu'au feu de sable, au feu de sable qu'au bain Marie, au bain Marie qu'au bain des Vapeurs; comme aussi pourquoi le sel commun & le Nitre ne se défont pas de leur esprit acide, sans l'intervention du bol, ou de l'huile de Vitriol; ce qui s'explique par le Paragraphe 63. nombre 2. & 7.

5°. Pourquoi les Fleuves pendant la nuit, tems où l'air est le plus froid, ou même lorsque leur eau est disposée à se glacer, envoyent en l'air une si grande quantité de Vapeurs, qu'ils paroissent fumans. On en trouvera l'explication dans le Paragraphe 63. nombre 5.

6°. Pourquoi dans les cornuës

& les curcubites, ou dans des veſſies couvertes d'un alembic, il ſe fait une moindre évaporation que dans l'air libre, & pourquoi aucune flamme ne peut ſe maintenir dans un air dont la chaleur eſt exceſſive, comme dans la partie ſupérieure du fourneau; ce qui ſe voit au Paragraphe 63. nombre 5. & 6. car je mets la flamme au nombre des Vapeurs

7°. Pourquoi la Terre humide eſt plutôt, ou du moins auſſi promptement deſſéchée par les vents, ſans la chaleur du Soleil que par la chaleur du Soleil ſans le ſecours du vent; & pourquoi l'eau bouillante s'évapore plutôt, ſi auprès de ſa ſurface on a ſoin d'agiter l'eau avec un éventail, ou de quelque autre façon, que ſi on néglige de donner cette agitation à l'air; ce qui eſt expliqué Paragraphe 63. nombre 8.

tis vel veſicis alembico tectis, minor ſit evaporatio quàm in aëre liberiori; & nulla flamma in aëre admodùm calido, ut in ſuperiore parte præfurnii, ſubſiſtere queat; (Parag. 63. n°. 5. & 6.) flammam enim inter vapores refero.

7°. Tellus humida citiùs, vel ſaltem æque citò, per ventos ſine calore Solis, quàm à calore Solis ſine vento exſiccetur, & aqua ebulliens citiùs in vapores mutetur, ſi juxtà ſuperficiem ejuſdem aër flabello vel alio modo agitetur, quàm ſi hæc aëris agitatio omittatur. (§. 63. n°. 8.)

§. LXV.

Puiſque chacune des cauſes de l'évaporation, lorſque ſa force eſt augmentée, produit une évaporation plus copieuſe, l'évapora-

Cùm ſingula evaporationis cauſæ aucta copioſiorem producant evaporationem, major adhuc hæc erit, ſi plu-

res evaporationis causæ majori gradu concurrant.

tion sera encore plus grande si plusieurs causes concourent dans un plus grand degré d'action.

§. LXVI.

Quamquàm verò omnia Paragrapho 62. adducta sint vera ascensûs vaporum causæ, ex nulla tamen earum, si aëris motum exceperis, vapores ad eam, ad quam actu perveniunt, ascendere queunt altitudimem: Vapores enim, quòusque in aërem ascendunt, omni momento novam ab aëre sentiunt resistentiam, causæ verò dictæ moventes vel sunt tantùm momentaneæ, vel brevi cessant, vel aliter minimùm determinantur.

Quoique toutes les choses que nous avons raportées dans le Paragraphe 62. soient de véritables causes de l'évaporation, cependant il n'en est aucune, si l'on en excepte le mouvement de l'air, qui puisse faire monter les Vapeurs à la hauteur actuelle à laquelle elles s'élévent. En effet tandis que les Vapeurs montent en l'air, elles éprouvent à chaque moment de la part de l'air une nouvelle résistance ; or les causes mouvantes que nous avons assignées, ou sont seulement momentanées, ou cessent bien-tôt, ou changent très peu leur détermination.

§. LXVII.

Elaterem aëris, corporibus inclusi, per calorem auctum, momentaneam tantùm esse evaporationis causam, suprà Parag. 57. ostendimus. De reliquarum igitur evaporationis causarum duratione,

Nous avons déja démontré dans le Paragraphe 57. que le ressort de l'air renfermé dans les Corps, & augmenté par la chaleur, n'étoit qu'une cause momentanée de l'évaporation ; il nous reste donc encore quelque chose à dire, tou-

-chant la durée des autres caufes de l'évaporation, pour trouver la véritable caufe qui produit l'élé-vation ultérieure des Vapeurs.

pauca adhuc dicenda funt, ut genuinam ulterioris afcen-sûs inveniamus caufam.

§. LXVIII.

Puifque de quelque Corps que ce foit dans lequel le feu fe trou-ve en grande quantité, il paffe dans quelque Corps contigu qui eft moins chaud, il paffera des Vapeurs dans l'air contigu qui n'eft pas fi chaud, & d'autant plus promptement que les Va-peurs font plus petites, & que par conféquent moins de Molé-cules ignées peuvent s'attacher à elles, & que la furface par la-quelle ces Molécules paffent de la Vapeur dans l'air, eft propor-tionnellement plus grande.

Ignis, cùm ex corpore quo-cumque in quo abundanter hæret, in contiguum minùs calidum corpus tranfeat, e-tiam à vaporibus in aërem contiguum minùs calidum tranfibit; idque tantò citiùs, quò vapores funt minores, hinc quò pauciores igneæ iif-dem adhærere valent, & quò major relativè eft fuper-ficies per quam ex vapore in aërem tranfeunt.

Une preuve *à pofteriori* de ce prompt paffage des Molécules ignées fe tire du peu de hauteur de la flamme d'une chandelle; car fi les Molécules du fuif, lorf-quelles paffent dans l'air, confer-voient la même quantité de Molé-cules ignées dont elles font im-prégnées en fortant du lumignon,

Probat à pofteriori hunc celerem particularum ignea-rum tranfitum brevitas flammæ candelæ; fi enim particulæ febi eandem, quam poffident, dùm ex ellychnio prodeunt, confer-varent ignearum particula-rum quantitatem, mane-

rent candentes, hinc flamma ibi foret, ubi hæ sebi sunt particulæ, id quod tamen est contrà experientiam : Sebi enim particulæ longè ultrà flammam ascendunt, uti nigredo docet, quàm corpora suprà flammam, ad pedis & ultrà distantiam posita acquirunt. Cessante igitur calore, cessat & hæc ascensûs vaporis causa. Immò tametsi ad tempus vapores suum conservent calorem, tendent tamen ex calore, quàm primùm in aëre hærent, quaquaversùs æqualiter, ubivis enim ab aëre continguntur: Hinc ex suo calore se se movere nequeunt, nisi aër ambiens sit inæqualiter calidus.

elles demeureroient embrasées ; par conséquent on verroit la flamme jusqu'à l'endroit où ces Molécules de suif s'élévent ; ce qui est contraire à l'expérience: car les Molécules du suif montent beaucoup plus haut que la flamme, comme on peut s'en convaincre par la noirceur que contractent les Corps qui sont placés à plus d'un pied de distance au-dessus de la flamme. Il est donc certain que la cessation de la chaleur fait cesser cette cause de l'élévation de la vapeur. A suposer même que les Vapeurs conservent long-tems leur chaleur, cependant dès-qu'elles seront adhérentes à l'air, cette chaleur sera le principe qui les obligera à se disperser également de tous les côtés, puisque l'air les touche de toutes parts. Les Vapeurs ne peuvent donc pas se mouvoir par le principe de leur chaleur, si elles ne rencontrent un degré inégal de chaleur dans les parties de l'air environnant.

§. LXIX.

Par est ratio si eam motûs vaporum consideres causam, quâ vapores in aërem transeunt,

Une autre raison d'égale force se tire de la considération de la cause du mouvement par lequel les Vapeurs paſſent dans l'air. Nous avons établi Paragraphe 60. que cette cauſe eſt l'adhéſion des Vapeurs avec l'air par un endroit, & avec le feu par l'autre. Car lorſque la Vapeur eſt arrêtée dans l'air, l'air lui adhére également de tous les côtés; par conféquent la Vapeur tendra auſſi également vers tous les côtés, c'eſt-à-dire, qu'elle fera dans un parfait repos. Ce n'eſt donc que dans le poids de l'air & dans ſon mouvement qu'il faut chercher la cauſe ultérieure de l'élévation.

quià aër vaporibus ex una parte ex altera ignis adhæret : (S. 60.) Vapori enim in aëre hærenti ab omni plaga adhæret aër æqualiter; ergò vapor quoque versùs omnes plagas æqualiter tendet, id eſt, quiefcet. In pondere igitur & motu aëris tantùm ulterior afcensûs erit quærenda caufa.

<h3 align="center">§. LXX.</h3>

A la vérité le poids de l'air ne peut pas élever la Vapeur, puiſque les Vapeurs de l'eau, par exemple, ſont près de mille fois ſpécifiquement plus peſantes que l'air; mais comme tout Corps qui eſt arrêté dans un fluide, & qui remplit l'eſpace que ce fluide devroit occuper, eſt pouſſé vers le haut par toute la peſanteur de la quantité du fluide, qui fait effort pour reprendre l'eſpace rempli par ce Corps, la Vapeur fera preſſée par l'air vers le haut, avec

Pondus aëris vaporem quidem ſursùm pellere nequit, quià vapores, aquæ v. g. millies ferè aëre ſunt ſpecificè graviores. Quià verò omne corpus in fluido hærens & ſpatium à fluido occupandum replens, tantâ vi premitur ſursùm, quantum eſt pondus fluidi, quod in corporis contenti locum ſuccedere poteſt, etiam vapor ab aëre premetur ſursùm, tantâ vi, quæ ponderi iſtius quan-

titatis aëris est æqualis, quæ vaporis locum occupare potest, id est in vapore aqueo millesimâ circiter parte ponderis vaporis.

Nil igitur nisi motus aëris ulteriorem vaporum afcensum actu producere valet. Explicandum ergò adhuc restat, quid motum aëris, ejusque directionem sursùm, tempore evaporationis producat.

Necessariò verò hic aëris motus sursùm versùs, ab ipsis vaporibus calidis, ex dictis causis (S. 62. n°. 2. B., & n°. 3. A. & B.) in aërem delatis, producitur. Transit enim calor ex vaporibus calidis in aërem vapores contingentem, (S. 68.) undè hic calefit & expanditur; ergò aëre ambiente fit specificè levior, hinc ab hoc

une force égale au poids de toute la quantité d'air qui peut occuper l'espace de la Vapeur; c'est-à-dire, qu'une Vapeur aqueuse sera pressée en haut, environ par une milliéme partie de son poids.

§ LXXI.

Il n'y a donc rien qui puisse produire actuellement l'élévation ultérieure des Vapeurs, que le mouvement de l'air. Par conséquent il nous faut encore expliquer, quelle est la cause qui, dans le tems de l'évaporation, produit ce mouvement de l'air & sa direction.

§ LXXII.

Or ce mouvement de l'air & sa direction vers le haut, sont nécessairement produits par les Vapeurs mêmes, qui sont échauffées lorsqu'elles sont portées dans l'air par les causes expliquées dans le Paragraphe 63. nombre 2. lettre B. & nombre 3. lettres A. & B. car la chaleur passe des Vapeurs échauffées dans l'air qui touche les Vapeurs (Paragraphe 63.) d'où il arrive que cet air s'échauffe

& se dilate ; par conséquent il devient spécifiquement plus léger que l'air environnant, par lequel il est pressé vers le haut : Cet air environnant suit l'air dilaté qui lui céde la place, & qui étant mis en mouvement vers le haut,

sursùm premitur. Ipse aër ambiens hunc cedentem sequitur, & sic aër, in motu superiora versùs constitutus, vapores ibi hærentes secum evehit. (§. 31. nᵒ. 2.)

emporte avec soi les Vapeurs qui lui sont attachées, comme nous l'avons montré Paragraphe 31. nombre 2.

§. LXXIII.

Nous devons donc reconnoître la Bonté Divine, qui éclate en ce que non-seulement elle a donné l'élasticité a l'air en le créant, mais encore la proprieté d'augmenter son élasticité par la chaleur ; car de cette proprieté de l'air, il resulte,

Patet igitur benignitas divina ex eo quòd aër creatus sit non solùm elasticus, sed & tali gaudeat proprietate, ut à calore fiat magis elasticus: Hâc enim aëris proprietate fit,

1ᵒ. Que les Vapeurs nuisibles sont détachées de la Terre habitée par les Hommes & les Animaux, & portées dans un lieu plus élevé.

1ᵒ. Ut vapores noxii ab hominibus animalibusque separentur, & in altiorem deferantur locum.

2ᵒ. Que les Vapeurs humides qui s'élévent en haut du sein des eaux, & des autres lieux humides sont portées dans des contrées éloignées & séches, où en humectant les Terres, elles contri-

2ᵒ. Ut vapores humidi, ex aquis aliisque locis humidis in altum elevati, ad remotas siccasque regiones deferri, & hæ pro nutritione herbarum, humectari queant.

3ᵒ. Ut

3°. *Ut iidem vapores in superiore regione constituti radios solares intercipere, hinc plantas, animalia & homines, à nimio calore, ex constanti radiorum solarium actione, durante æstate oriundo, defendere queant.*

4°. *Ut causæ, vapores elevantes, omnes, (S. 62.) omni momento quasi renovari, hinc evaporationes, quousque partes evaporabiles adsunt, continuari queant: Novus enim, isque minùs calidus aër, dùm omni momento ad corporis evaporandi superficiem defertur, (S. 72.)*

A) *Hoc ipso aëris motu novæ particulæ, tam ab aliis cohærentibus separantur, quàm in aërem deferuntur: (Parag. 61.)*

buent à la nutrition des herbes.

3°. Que ces mêmes Vapeurs placées dans la région supérieure de l'air, interceptent une partie de l'activité des rayons du Soleil, & par conséquent garantissent les Plantes, les Animaux & les Hommes d'une chaleur excessive, qui seroit occasionnée durant l'Eté, par la continuité d'action des rayons du Soleil.

4°. Que toutes les causes qui contribuent à l'élévation des Vapeurs peuvent en quelque maniere se renouveller à tous les instans; & conséquemment les évaporations se continuer aussi long-tems, qu'il se présente des parties qui en sont susceptibles : car un air nouveau dans un moindre degré de chaleur est porté à chaque moment vers la surface du Corps qui doit s'évaporer, comme on a vû Paragraphe 72.

A) Ce même mouvement de l'air ne contribuë pas moins à séparer des autres parties de nouvelles Molécules, qu'à les porter dans l'air (Paragraphe 61.)

L

B) Ce nouvel air s'attache aussi continuellement aux nouvelles Molécules qui doivent s'évaporer, comme nous l'avons expliqué dans le Paragraphe 60.

C) Le feu se fait aussi sans cesse un nouveau passage dans l'air (Paragraphe 39.) lequel passage cesseroit bien-tôt, si l'air après avoir été échauffé par les Vapeurs, s'arrêtoit avec elles autour du Corps susceptible d'évaporation, parce que jamais le feu ne passe d'un Corps chaud, dans un autre, qui à raison de sa pesanteur spécifique soit également chaud. (Paragraphe 63. nombre 5.)

B) *Novus quoque aër novis adhæret particulis evaporandis ,* (*Parag.* 60.)

C) *Novus quoque ignis in aërem fit transitus ,* (*Paragraph.* 39.) *qui brevi cessaret , si aër , à vaporibus calefactus , unà cum vaporibus , circà corpus evaporabile subsisteret , quià ignis nunquàm ex calido , in aliud , pro sua gravitate specifica æque calidum transit.* (*Parag.* 63. *n°.* 5.)

§. LXXIV.

Si l'évaporation se fait dans des vases fermés, les causes de l'évaporation sont à la vérité semblables ; cependant le mouvement de l'air est produit par une autre cause ; car lorsqu'on opére dans un alembic, ou dans une cornüe sans apliquer aucun recipient au bec de l'alembic, ou au col de la cornüe ; ou que celui qu'on aplique est situé de façon que l'air

In vasis clausis , si fiat evaporatio , causæ quidem omnes sunt similes , motus tamen aëris ex alia producitur causa ; in vasis enim , in quibus extremitati rostri alembici , aut collo retortæ , vel nullum , vel ità vas recipiens applicatur , ut aër inclusus ex vase recipiente abire queat , primus aëris motus

versùs vas recipiens, ex ela- renfermé dans le recipient a la li-
tere ejufdem per calorem auc- berté d'en fortir, le premier mou-
to oritur: Confervatur verò vement de l'air vers le recipient eſt
idem motus, partim per aë- produit par le reſſort de l'air aug-
rem ex corpore deftillando menté par la chaleur ; & ce même
conftanter prodeuntem, par- mouvement ſe conſerve en partie
tim per aërem frigidum, qui par le moïen de l'air qui ſort con-
per inferiorem partem colli re- tinuellement du Corps qui eſt en
tortæ conftanter intrare poteft. diſtilation, en partie par l'air froid
In vafis verò quantùm fieri qui peut inceſſamment entrer par
poteft claufis, is aër, qui la partie inférieure du col de la
ſuperficiei corporis evaporan- cornüe : Mais lorſque les vaiſſeaux
di proximus eft, maximo ſont auſſi fermés, qu'ils peuvent
calefit gradu. Hinc non fo- l'être, l'air le plus voiſin de la
lùm, tanquàm reliquo minùs ſurface du Corps qu'on doit faire
calido levior, afcendit, & évaporer, acquiert un très grand
feceſſu ſuo, reliquo locum, degré de chaleur, & par ce moïen
quem occupare poſſit, conce- non-ſeulement il monte, comme
dit, fed & ipfe, elatere ſuo étant plus léger que tout celui qui
aucto, premit frigidum mi- eſt chaud dans un moindre degré
nùs elafticum, in vafe re- & qui par conſéquent a la liberté
cipiente hærentem ; ergò, d'occuper la place abandonnée
dùm hic, quatenùs compri- par l'air dilaté ; mais encore ce
mitur, cedit, expanfus quo- même air après avoir augmenté
que in vas recipiens tranfit. ſon reſſort, preſſe l'air froid,
Aër igitur in vafe recipiente moins élaſtique enfermé dans le
quoque magis comprimitur, recipient; donc tandis que celui-ci
ergò magis fit elafticus, hinc céde à la force de la compreſſion,
magis quàm in ftatu natura- celui qui eſt dilaté paſſe auſſi dans

L ij

le recipient ; donc l'air enfermé dans le recipient eſt encore plus comprimé ; donc il acquiert plus d'élaſticité, & par conſéquent il ſe diſperſe de toutes parts plus que lorſqu'il étoit dans ſon état naturel. Il s'ouvre donc une porte ou bien il retourne à la place abandonnée par l'air dilaté ; c'eſt-à-dire, vers la ſurface du Corps ſuſceptible d'évaporation. De-là reſulte un mouvement de circulation, qui ſe conſerve & ſe perpetüe ; parce que le reſſort de l'air diminuë toujours, dès-qu'il paſſe dans le recipient, attendu qu'il va dans un lieu plus froid, & que lorſqu'il retourne vers la ſurface du Corps ſuſceptible d'évaporation ; ce même reſſort augmente toujours, auſſi-tôt qu'il rentre dans le vaiſſeau où ſe fait la diſtilation.

li tendit quaquà versùs. Ergò portam ſibi aperit, aut ad eum redit locum, ex quo aer, calore expanſus, ſeceſſit, id eſt ad ſuperficiem corporis e-vaporabilis. Hinc motus oritur circulatorius, qui conſervatur eò quòd aëris in vas recipiens tranſeuntis elater ſemper decreſcit, quià in locum abit frigidum, redeuntis verò ad ſuperficiem corporis evaporabilis ſemper creſcit, quamprimùm in vas, ex quo fit deſtilatio, redit.

§. LXXV.

Si les Vapeurs n'ont qu'un foible degré de chaleur, & qu'elles paſſent dans un air froid, les Vapeurs auront bien-tôt perdu leur chaleur ; conſéquemment le mouvement ceſſera bien-tôt dans l'air qui l'a produit : C'eſt par cette raiſon que les Vapeurs ne s'élévent

Si vapores debilem tantùm poſſideant caloris gradum, & aër ſit frigidus, citò vapores ſuum amittent calorem, ergò brevi quoque motus in aëre indè oriundus ceſſabit: Undè quoque eſt, quòd vapores, noctu, tem-

pore æstivo, vel etiam hieme, tempore diurno, parùm super flumina vel lacus elevantur: Potest tamen necessarius calor, hinc motus aëris restitui, si regio vaporibus repleta à sole illuminetur; tanta enim si sit vis radiorum solarium, ut aërem sensibiliter calefacere queat, majori gradu calefiet iste vaporibus repletus, quàm serenus aër ambiens, quià iste hoc est densius corpus, omne verò corpus, quò magis est densum, tanto majori gradu calefieri potest.

qu'en petite quantité sur les Fleuves & sur les Lacs pendant les nuits d'Eté, & même pendant le jour en tems d'Hiver. Cependant la chaleur nécessaire à l'élévation des Vapeurs peut être rétablie, & par conséquent le mouvement de l'air si une région remplie de Vapeurs est éclairée par le Soleil; car si la force des raïons du Soleil est assez grande pour échauffer l'air semblablement, cet air rempli de Vapeurs recevra un plus grand degré de chaleur par les rayons du Soleil, que l'air environnant qui est serein, puisque le premier air est un Corps plus épais que l'autre; & que les Corps sont susceptibles d'une plus grande chaleur à proportion de leur densité.

§. LXXVI.

Quanquàm verò, si etiam vapor semper à sole calefactus ponatur, ad magnam altitudinem vapores elevari sic queant, non tamen per totum aërem elevari possunt, quià aër superior quovis inferiore est magis rarefactus. Ex hac

Cependant quoique les Vapeurs puissent être élevées à une hauteur considerable, si on suppose qu'elles soient toujours échauffées par le Soleil, elles ne peuvent pourtant pas être élevées à toute la hauteur de l'air; parce que l'air supérieur est plus rarefié

que tout autre des régions infé-
rieures. En effet, de cette dispo-
sition de l'air, il suit, que,

1°. Les parties ignées qui sont
en cohésion avec le Corps par-
viennent en plus petite quantité à
toucher l'air rarefié qu'il n'y en
avoit dans l'air épais : donc,

2°. Il passe moins de ces parties
ignées dans l'air rarefié que dans
l'air épais, comme on l'a remar-
qué Parag. 33. nomb. 5. donc,

3°. L'air supérieur est moins
dilaté par la chaleur que l'air inférieur ; d'où vient que,

4°. L'équilibre dans l'air ne
reçoit pas un changement considerable, au contraire,

5°. Si nous concevons les Molécules de l'air de figure sphérique
comme le font les Molécules des
autres fluides, puisque les Molécules de l'air supérieur, étant
moins comprimées, sont plus
grandes que celle de l'air inférieur, elles doivent avoir des interstices plus grands ; donc un
interstice de l'air supérieur suffit

enim aëris conditione sequi-
tur, ut

1°. Pauciores partium ig-
nearum, vapori cohærentium,
aërem contingant rarefac-
tum quàm densum; ergò

2°. Pauciores quoque ig-
neæ in rarefactum quàm
densum transeant, (Parag.
33. n°. 5.) ergò

3°. Aër quoque superior,
minori gradu quàm inferior,
à calore vaporis expandatur,
hinc

4°. Æquilibrium quoque
in aëre parùm mutetur. Con-
trà verò,

5°. Si particulas aëris no-
bis concipiamus sphæricas,
quales sunt reliquorum flui-
dorum particulæ, cùm supe-
riores, quippè minùs compres-
sæ, inferioribus sunt majo-
res, majora quoque ut ha-
beant interstitia necesse est;
ergò plures vapores in uno
interstitio concurrere, & in-

ter se cohærere possunt, & actu concurrunt, quàm in aëris inferioris interstitiis ; ergò vapores superiores inferioribus sunt graviores, hinc causæ elevanti magis resistunt.

pour loger & loge en effet ensemble un plus grand nombre de Vapeurs, qui s'y trouvent en cohésion entr'elles, qu'un interstice de l'air inférieur. Donc les Vapeurs les plus élevées sont plus pesantes que celles qui sont au-dessous ; donc elles résistent plus à la cause qui les éléve.

§. LXXVII.

Cùm igitur durante ascensu vaporum vis elevans constanter decrescat, (Parag. 76. n°. 1. ad 4.) resistentia verò corporis elevandi constanter crescat, (Parag. 76. n°. 5.) non possunt non hæ vires tandem fieri æquales. Hinc vapor, si non quiescet, saltem ulterius haud ascendet.

Puisque donc la force élevante diminuë continuellement pendant tout le tems que la Vapeur s'éléve, comme on vient de le voir Paragraphe 76. depuis nombre 1. jusques à 4. & que pendant le même tems la resistance du Corps qui doit être élevé augmente avec la même continuité, suivant le même Paragraphe 76. nombre 5. il est impossible que ces forces contraires ne deviennent enfin égales. Donc si la Vapeur n'acquiert pas un parfait repos, du moins elle ne s'élevera pas au delà.

§. LXXVIII.

Altitudo ad quam vapores ascendunt non quidem pro omnibus vaporibus est eadem, nec pro similibus va-

La hauteur à laquelle les Vapeurs s'élévent, n'est pas la même à l'égard des Vapeurs de toutes les espéces ; elle ne l'est pas nonplus à l'égard des Vapeurs semblables, dans tous les tems de l'année ; parce que des Vapeurs différentes ont une diverse pesanteur, tant spécifique qu'absoluë; & que suivant les divers tems de l'année la chaleur, la pesanteur & la densité de l'air sont différentes. De-là il résulte, que les Vapeurs plus légéres s'élévent à une plus grande hauteur que les plus pesantes, & que les Vapeurs semblables montent à une plus grande hauteur, dans un air plus pesant ou plus comprimé, que dans un air plus léger. Cependant l'expérience nous aprend, que rarement, ou jamais, les Vapeurs aqueuses ne s'élévent au-dessus d'un demi mille d'Allemagne ; c'est-à-dire, 9652. pieds de Paris, ce qui est hors de doute, parce qu'un spectateur placé sur le sommet d'une Montagne, qui n'a que cette hauteur, voit les nuages se former sous ses pieds, & voit toujours le Ciel à découvert.

poribus omni tempore anni eadem esse potest, quià diversi vapores diversam habent gravitatem tam specificam quàm absolutam, & diversis anni temporibus calor, gravitas & densitas, aëris sunt diversa ; undè sequitur, ut leviores vapores ad majorem præ gravioribus ascendant altitudinem,& in aëre quoque graviori, sive magis compresso, major sit similium vaporum ascensus quàm in aëre leviori: Experientia tamen docet, vapores aqueos raró vel nunquàm ad altitudinem dimidio milliari Germanico, sive 9652. pedibus Parisinis æqualem, ascendere ; id quod ex eo patet, quià spectator in cacumine montis dictæ altitudinis constitutus, omnes nubes sub suis videt pedibus, & cœlum semper habet serenum.

Parag. 79.

S. LXXIX.

Nullus vapor tantus eft, ut unicus, radiis à fe flexis vel ex fe abeuntibus, videri queat. (S. 4.) Vapores ergò cùm in fe fint infenfibiles, copiâ tantùm fuâ fiunt vifibiles : Hoc fi fiat ob radios ex ipfis vaporibus prodeuntes, id eft quià vapores funt candentes, congeries vaporum vifibilium flamma dicetur. Quòd fi verò ob id tantùm fiunt vifibiles, quià radios, per iftum locum ubi funt vapores, tranfituros, vel reflectunt vel millies frangendo non tranfmittunt, fed abforbent, hinc regionem iftam aëris reddunt opacam, erunt vel humidi, vel ficci. Humidi fi fint, (vel etiam ficci, modò non nigrefcant) & in inferiore aëris hæreant regione, nebulæ acquirunt nomen, vel etiam nubis, in aëre fi hæreant fuperiore, cujufcumque aliàs fint conditionis : Siccorum

Il n'eft point de Vapeur, qui toute feule foit affez grande, pour être vifible par les rayons qu'elle réfléchit, ni par ceux qui fortent d'elle, comme il a été dit, Paragraphe 4. les Vapeurs étant donc infenfibles en elles mêmes, ne deviennent vifibles que par leur affemblage en une quantité copieufe. Lorfque cela arrive par des rayons qui partent des Vapeurs même ; c'eft-à-dire, parce que les Vapeurs font embrafées, l'amas des Vapeurs vifibles eft appellé flamme. Mais fi elles ne deviennent vifibles, que parce qu'elles réfléchiffent les rayons, qui devroient paffer par l'endroit qu'elles occupent, ou parce qu'elles les abforbent en les rompant mille fois, fans les tranfmettre, elles rendent opaque ou ténébreufe cette partie de l'air ; elles font ou humides ou féches : Si elles font humides, même fi elles font féches, pourvû qu'elles ne foient pas envelopées de noirceur, & qu'elles foient

M

placées dans la région inférieure de l'air, on les connoît sous le nom de nuage, & si elles sont élevées dans la région supérieure de l'air, on leur donne aussi le nom de nuée, de quelque nature qu'elles soient à tous autres égards ; mais l'amas sensible, & couvert de noirceur, des Vapeurs séches, arrêtées dans l'air inférieur, est appellé fumée.

verò vaporum congeries sensibilis & nigricans, in inferiore aëre hærens, fumus appellatur.

§. LXXX.

Les Vapeurs élevées en l'air, s'y soutiennent pendant quelque tems ; cependant comme elles sont spécifiquement plus pesantes que l'air, Paragraphe 55. elles peuvent être soutenuës par le poids de l'air, non pas à la vérité totalement, mais environ d'une milliéme partie seulement. J'ai fait voir dans les Paragraphes 71. 72. & 73. que le mouvement de l'air éléve les Vapeurs ; il peut aussi quelque fois contribuer à les soutenir ; savoir, lorsque l'effort par lequel l'air mis en mouvement vers le haut, agit sur la Vapeur, est égal au poids de la Vapeur. Mais puisque les Vapeurs se soutiennent dans l'air,

Elevati in aëre vapores ad tempus in eodem sustentantur. Cùm igitur aëre sint specificè graviores, (§. 55.) à pondere aëris non quidem ex toto, sed quòd ad millesimam partem circiter tantùm sustentari queunt. Motu aëris elevantur quidem vapores (Parag. 71. 72. 73.) & fieri quoque potest, ut interdùm vapores motu aëris sustententur, si nempè impetus, quo aër sursùm commotus agit in vaporem, hujus ponderi est æqualis. Quià verò etiam vapores in aëre, quantùm fieri potest, quiescente hærent, alia ut hujus susten-

tationis fit causa necesse est, quæ verò, cum externum fuftentans corpus haud adfit, non nifi in cohæfione particularum aërearum inter fe quæri poteft. (Parag. 25.) Demonftrandum igitur adhuc erit, cohæfionem particularum aërearum pondere vaporum effe majorem.

Guttula faponati expandatur, flatu oris per ftipulam, in bullulam, cujus diameter fit ad diametrum bullulæ ut 1. ad 20. erit circulus maximus guttulæ ad circulum maximum bullulæ ut 1. ad 400. ergò ad fuperficiem bullulæ, ut 1. ad 1600. fuftentatur talis bullula ex cohæfione cum ftipula. Fartes igitur iftæ faponati, quæ ftipula non ampliùs funt contigua, contingentibus tamen funt proxima, & quas in peripheria circulari quafi, cir-

aussi tranquille qu'il peut l'être, il faut néceffairement qu'il y ait quelque autre caufe qui les foutienne, & n'y ayant point de Corps externe d'où cela puiffe provenir, on ne peut chercher cette caufe que dans la cohéfion des Molécules aëriennes entr'elles (Paragraphe 25.) il nous faut donc préfentement démontrer, que la cohéfion des Molécules aëriennes entr'elles eft plus grande que le poids des Vapeurs.

§. LXXXI.

Soit dilatée jufqu'à en faire une bulle, en foufflant avec la bouche dans une paille, une petite goutte d'eau de favon, dont le diamettre foit au diametre de la bulle comme 1. à 20. le plus grand cercle de la petite goutte fera au plus grand cercle de la bulle comme 1. à 400. & conféquemment à la furface de la bulle, comme 1. à 1600. cette bulle eft foutenuë par fa cohéfion avec la paille. Or les parties de l'eau de favon qui ne font plus contigües à la paille, mais qui font les plus prochaines de celles qui la touchent, de forte que nous les pouvons concevoir autour de la paille dans la circonférence circulaire, ces parties, dis-je, ont une telle cohésion avec celles qui touchent la paille , c'est-à dire , avec les parties homogenes, que leur cohésion ne peut pas être dérangée par le poids entier de toutes les autres parties qui composent l'envelope de la bulle, & qui ne touchent point la paille ; donc la cohésion des parties aqueuses dont cette circonférence circulaire est composée, avec les parties de même nature qu'elles, est du moins égale au poids de toutes les autres Molécules aqueuses , dont l'envelope de la bulle est composée.

cà stipulam concipere licet, tantùm cum contingentibus stipulam , id est cum homogeneis partibus cohærent , ut earum cohæsio à pondere omnium reliquarum , crustam bullulæ constituentium , & stipulam non contingentium, superari nequeat. Ergò cohæsio particularum aquearum , dictam peripheriam circularem componentium , cum homogeneis , minimùm æqualis est ponderi omnium reliquarum particularum aquearum ex quibus crusta est conflata.

§. LXXXII.

Par conséquent dès-que nous aurons trouvé la proportion du nombre des Molécules aqueuses renfermées dans cette circonférence circulaire dont il a été parlé dans le Paragraphe 81. avec le nombre des Molécules dont l'envelope ou la croute est composée , nous aurons par ce moyen la raison qui est entre le poids particu-

Inventâ igitur ratione numeri particularum aquearum in dicta peripheria (Parag. 81.) hærentium, ad numerum particularum crustæ, inventa erit ratio , inter pondus proprium particularum aquearum peripheriæ dictæ, & earundem cum aliis homogeneis cohæsionem.

lier des feules Molécules aqueufes de ladite circonférence, & la cohéfion de ces mêmes Molécules avec les autres de même nature.

Eft enim pondus earum ad pondus omnium particularum cruftæ, ut numerus iftarum ad numerum harum: (funt enim partes homogeneæ.) Cùm igitur cohæfio iftarum in peripheria fit æqualis ponderi omnium in crufta, (Parag. 81.) erit quoque pondus partium in peripheria ad cohæfionem earundem cum homogeneis, ut numerus earundem ad numerun omnium in crufta.

En effet, le poids des Molécules de ladite circonférence eft au poids de toutes les Molécules qui compofent l'envelope de la bulle, en même raifon que le nombre de celles-ci au nombre de celles-là, puifque ce font des parties homogénes ; puifque donc la cohéfion des parties qui font dans la circonférence eft égale au poids de toutes celles qui compofent l'envelope (Paragraphe 81.) le poids des parties qui font dans la circonférence, fera à la cohéfion des mêmes parties avec les autres parties homogénes, comme leur nombre eft au nombre de toutes celles qui compofent la croute, ou l'envelope de la bulle.

§. LXXXIII.

Pro invenienda ratione dictorum numerorum (Paragrapho 82.) affumo,

A) Peripheriam dictam effe peripheriam circuli maximi alicujus guttulæ, id quod experientia oftendit.

Pour trouver la raifon qui eft entre ces nombres (Parag. 82.) je veux

A) Que cette circonférence foit celle du plus grand cercle d'une petite goutte, ce que l'expérience fait voir.

B) Que cent Molécules aqueuſes compoſent le diametre de ce cercle ; ce qui eſt arbitraire, parce que la même raiſon ſubſiſtera , a quelque nombre deMolécules que vous aſſigniés au diametre. Cela ſuppoſé

1°. Le nombre des Molécules aqueuſes renfermées dans ladite circonférence ſera égal à 314. &

2°. Le nombre des Molécules aqueuſes qui rempliront l'aire de ladite périphérie, c'eſt-à-dire, du plus grand cercle décrit par la petite goutte, ſuivant ce qui eſt dit, nombre A, ſera égal à 7850. donc,

3°. Le nombre de toutes les Molécules qui compoſent l'envelope ſera égal à 12560000. donc

4°. Le nombre des parties aqueuſes immédiatement contiguës à celles qui touchent la paille, eſt au nombre de toutes les parties aqueuſes dont l'envelope eſt compoſée, comme 314. à 12560000. égal à ¼0000. & le poids des parties aqueuſes immédiatement contiguës à celles qui touchent la paille, ſera dans la même rai-

B) *Centum particulas aqueas componere diametrum iſtius circuli ; id quod pro arbitrio aſſumitur, quià eadem manebit ratio, quotquòt particulas dictæ diametro tribuas. Et erit*

1°. *Numerus particularum aquearum in dicta peripheria* =314. &

2°. *Numerus particularum aquearum, aream dictæ peripheriæ replentium, id eſt circuli maximi guttula (n. a.)* =7850. *Ergò*

3°. *Numerus omnium particularū cruſtæ* =12560000. *(§. 81. ;) ergò*

4°. *Numerus partium aquearum, contingentibus ſtipulam proximè contiguarum, eſt ad numerum omnium partium aquearum in tota cruſta bullulæ, ut* 314. : 12560000. =¼0000. & *in eadem ratione erit pondus partium aquearum, contingentibus ſtipulam proximè contiguarum, ad earundem cum contingentibus, id eft cum homogeneis adhæfionem. (§. 81. 82.)*

Quamquàm verò lubenter largiar, cohæfionem partium faponati majorem effe cohæfione partium aquæ fimplicis, & hanc cohæfionem majorem effe cohæfione particularum aërearum inter fe, hinc hoc calculo cohæfionem particularum aërearum, vapores fuftentantium, (§. 80.) inveniri haud poffe : Hæc tamen inde concludi poffunt :

1°. Cohæfionem particularum aquearum tantò majorem effe, refpectu ponderis iftarum ipfarum inter fe cohærentium, quò minor eft numerus partium aquearum. Nulla enim aquæ quantitas

fon à la cohéfion de ces mêmes parties avec celles qui touchent la paille, c'eft-à-dire avec celles qui font de même nature, fuivant que nous l'avons démontré dans les Paragraphes 81. & 82.

§ LXXXIV.

Je conviens volontiers que la cohéfion des parties de l'eau de favon eft plus grande que celle des parties de l'eau fans mélange, & que celle des parties de l'eau eft plus grande que celle que les particules aëriennes ont entr'elles, & que par conféquent, par le calcul que nous avons fait, on ne peut pas fixer au jufte la cohéfion des particules aëriennes qui foutiennent les Vapeurs ; Paragraphe 80. cependant on peut tirer de notre fupputation les conclufions fuivantes.

1°. Que la cohéfion des Molécules de l'eau, rélativement au poids de ces mêmes molécules qui font en cohéfion entr'elles, eft d'autant plus grande, que les parties aqueufes font en plus petit nombre. Car aucune quantité d'eau , si elle est plus grande qu'une petite goutte , ne peut se soûtenir par sa cohésion avec un Corps supérieur , mais elle tombe par son poids ; au lieu qu'une petite goutte se soutient & ne tombe pas par son poids. Lorsque la goutte plus forte tombe ; l'expérience nous fait voir que les Molécules d'eau qui touchent le Corps solide ne s'en séparent pas; donc la goutte ne tombe pas par défaut de cohésion des Molécules de l'eau avec le corps solide ; mais par le défaut de cohésion des Molécules aqueuses entr'elles : Donc dans le premier cas, la cohésion des Molécules aqueuses est moindre que leur poids , & dans le second leur cohésion & leur poids sont du moins égaux. Or nous avons demontré dans le Paragraphe précédent , que la cohésion de toutes les Molécules aqueuses qui sont dans la circonférence du plus grand cercle d'une petite goute, est quelques milliers de fois plus grande que le poids d'un même nombre de ces Molécules.

guttulâ major, cohæsione cum corpore quodam superiore sustentari potest, sed cadit ex pondere ; guttula verò sustentatur , cohærendo cum corpore quodam superiore , & non cadit ex pondere. Dùm guttula cadit , particulæ aquæ solidum contingentes , non separantur à solido (experientiâ teste) ergò guttula non cadit ob defectum cohæsionis particularum aquæ cum sololido , sed ob deficientem cohæsionem particularum aquearum inter se ; ergò in priore casu cohæsio aquearum inter se minor est pondere , in altero verò cohæsio & pondus sunt minimùm æqualia: Tot verò particularum aquearum , quòt sunt in peripheria circuli maximi alicujus guttulæ , cohæsionem , aliquòt millies pondere earundem esse majorem, Parag. 83. demonstravimus. Ergò

2°. Pau-

2°. *Paucissimarum aquæ particularum, v. g. duarum, trium, quatuor, &c. multò majorem, respectu ponderis earundem, esse cohæsionem, quàm earum quæ sunt in peripheria circuli maximi. Ergò*

3°. *Tres, quatuor, quinque vel sex particulas aquæ, cohæsione suâ inter se sustentare posse particulam aliûs corporis, quamquàm hæc sit aliquòt millies dictis particulis specificè gravior. Ergò*

4°. *Etiam trium, quatuor, quinque vel sex particularum aërearum cohæsionem tantam esse, ut particulam aliûs corporis, millies vel etiam bis ter millies specificè graviorem aëre, id est vaporem aqueum, vel alium sustentare queat. Id quod, ob analogiam fluidorum liquidorum (inter quæ aër quoque est referendus) inter se, si cohæsionem eorundem relativè ad pondus consideres, concludere licet.*

F I N I S.

2°. Que la cohésion d'un très petit nombre de Molécules d'eau par exemple, de deux, trois, ou quatre, &c. est beaucoup plus grande, par raport à leur poids, que celles des Molécules qui font dans la circonférence du plus grand cercle. donc

3°. Trois, quatre, cinq, ou six Molécules d'eau, par leur cohésion entr'elles, peuvent soutenir une Molécule d'un autre Corps, laquelle sera quelques milliers de fois plus pesante spécifiquement qu'elles ne le sont. Donc

4°. Par la même raison, la cohésion de trois, quatre, cinq, où six Molécules aëriennes est assez forte pour pouvoir soutenir la Molécule d'un autre Corps, mille, & même deux ou trois mille fois spécifiquement plus pesante que l'air, telle qu'est une Vapeur aqueuse ou quelqu'autre. Voilà les conclusions que l'on peut tirer de l'analogie que les fluides liquides ont entr'eux, en examinant la cohésion que leurs parties ont entr'elles, relativement à leur poids; puisque l'air doit être mis au nombre des fluides liquides.

PRIVILEGE DU ROY.

LOUIS, par la grace de Dieu, Roy de France & de Navarre, A nos amez & féaux Conseillers les Gens tenans nos Cours de Parlemens, Maîtres des Requêtes ordinaire de notre Hôtel, Baillifs, Sénéchaux, Juges, leurs Lieutenans, & tous autres nos Officiers & Justiciers qu'il appartiendra : SALUT. Notre très-cher & bien amé Cousin LE CARDINAL DE POLIGNAC, Protecteur de l'Academie des Belles Lettres, Sciences & Arts, établie à Bordeaux par Lettres Patentes du feu Roy notre très-honoré Seigneur & Bisayeul, données à Fontainebleau le cinq Septembre 1712. Nous a remontré que plusieurs Membres de cette Academie avoient composé divers Ouvrages, sur les matieres qui font l'objet de leurs occupations, lesquels Elle souhaitteroit de donner au Public, Nous suppliant de vouloir accorder à ladite Academie toutes Lettres & Privileges nécessaires pour faire imprimer, vendre & débiter par tel Libraire qu'Elle choisira, tous & tels Ouvrages qu'Elle aura approuvez. A CES CAUSES, voulant témoigner notre bienveillance à notredit Cousin le Cardinal de Polignac, & procurer à ladite Academie en Corps, & à chaque Academicien en particulier, toutes les facilitez & tous les moyens qui peuvent contribuer à rendre leur travail utile au Public, Nous lui avons permis & accordé, permettons & accordons par nos Presentes Lettres, de faire imprimer, vendre & débiter en tous les Lieux de notre Royaume, par tel Libraire qu'Elle jugera à propos de choisir, en telle forme, marge & caractere, & autant de fois que bon lui semblera, *les Remarques & Observations journalieres, & les Rélations annuelles de ce qui aura été fait dans les Assemblées de ladite Academie, & generalement tout ce qu'elle voudra faire paroître en son nom*, pendant le tems & espace de douze années consecutives, à compter du jour de la date des Presentes : Faisons deffenses à toutes sortes de personnes, de quelque qualité & condition qu'elles soient, d'en introduire d'impression étrangere, dans aucun lieu de notre Obéïssance ; comme aussi à tous Libraires, Imprimeurs, & autres que celui que ladite Academie aura choisi, d'imprimer, ou faire imprimer, vendre, faire vendre, débiter, ni contrefaire les differens Ouvrages, tant en Vers qu'en Prose, composez par ladite Academie des Belles Lettres, Sciences & Arts de notre Ville de Bordeaux, en tout ni en partie, ni d'en faire aucuns Extraits, sous quelque prétexte d'augmentation, correction, changement de Titre, même en feüilles separées, ou autrement, sans la permission expresse, ou par écrit de ladite Academie, ou de ceux qui auront droit d'Elle, à peine de confiscation des Exemplaires & Pieces contrefaites, & *de six mille livres d'amende* contre chacun des Contrevenans, dont un tiers à

Nous, un tiers à l'Hôtel-Dieu du lieu, & l'autre tiers à ladite Académie; à la charge que ces Presentes seront enregistrées tout au long sur le Registre de la Communauté des Imprimeurs & Libraires de Paris, dans trois mois de la date d'icelle; que l'impression desdits Ouvrages sera faite dans notre Royaume, & non ailleurs; que notredite Académie de notre Ville de Bordeaux se conformera en tout aux Reglemens de la Librairie, & notamment à celui du 10. Avril 1725. & qu'avant de les exposer en vente, les Manuscrits ou Imprimez qui auront servi de copie à l'impression desdits Ouvrages, seront remis dans le même état, avec les Approbations & Certificats qui en auront été donnez par ladite Académie Royale, ès mains de notre très-cher & féal Chevalier, Chancelier de France, le sieur Daguesseau, Commandeur de nos Ordres, & qu'il en sera ensuite remis deux Exemplaires en notre Bibliotéque publique; un en celle de notre Château du Louvre, & un en celle de notre très-cher & féal Chevalier Chancelier de France le sieur Daguesseau, Commandeur de nos Ordres; le tout à peine de nullité des Presentes; du contenu desquelles, vous mandons & enjoignons de faire joüir ladite Académie de notre Ville de Bordeaux, ou ceux qui auront droit d'Elle, & ses ayans cause, pleinement & paisiblement, sans souffrir qu'il leur soit fait aucun trouble ou empêchement. Voulons que la copie desdites Presentes, qui sera imprimée tout au long au commencement ou à la fin desdits Ouvrages, soit tenuë pour dûëment signifiée, & qu'aux copies collationnées par l'un de nos amez feaux Conseillers-Secretaires, foi soit ajoûtée comme à l'Original. Commandons au premier notre Huissier ou Sergent, de faire pour l'execution d'icelles, tous Actes requis & nécessaires, sans demander autre permission; & ce, nonobstant Clameur de Haro, Chartre Normande, & Lettres à ce contraires. CAR tel est notre plaisir. Donné à Paris le premier jour de May, l'an de grace mil sept cens trente-huit, & de notre Regne le vingt-troisiéme. Par le Roy en son Conseil. Et scellé. *Signé*, ROMIEU.

Registré sur le Registre dix de la Chambre Royale & Sindicale des Libraires & Imprimeurs de Paris, N°. 44. fol. 40. conformement au Reglement de 1723. qui fait deffenses Art. 4. à toutes personnes, de quelque qualité qu'elles soient, autres que les Libraires & Imprimeurs, de vendre & débiter, & faire afficher aucuns Livres pour les vendre en leurs noms, soit qu'ils s'en disent les Auteurs, ou autrement; & à la charge de fournir à ladite Chambre Royale & Sindicale huit Exemplaires prescrits par l'Art. 108. du même Reglement. A Paris, le 16. May 1738. Signé, *LANGLOIS, Sindic.*

L'Académie Royale des Sciences de Bordeaux, par Déliberation du 27. Juillet 1738. a cedé le present Privilege au Sieur PIERRE-BRUN, Imprimeur-Aggregé de ladite Académie. *Signé*, SARRAUT, Secretaire.